Kouakou Bienvenu KOUASSI

Les clés pour réaliser ses rêves et devenir immortel

Kouakou Bienvenu KOUASSI

Les clés pour réaliser ses rêves et devenir immortel

Comment faire de sa vie une source d'inspiration et de bénédiction pour l'humanité?

Éditions Vie

Cover image: www.ingimage.com

Publisher:
Éditions Vie
is a trademark of
Dodo Books Indian Ocean Ltd., member of the OmniScriptum S.R.L Publishing group
str. A.Russo 15, of. 61, Chisinau-2068, Republic of Moldova Europe
Printed at: see last page
ISBN: 978-613-9-59026-1

DÉDICACE.

Je dédie ce livre :

-À l'Énergie Créatrice qui m'a créé, qui me fait vivre, qui s'exprime en moi et m'aide dans tous les sens de mon existence .Merci infiniment à toi mon Créateur! Je veux être ton instrument jusqu'à la fin de mon contrat terrestre!

-À tous mes ancêtres qui ont sùr l'importance du travail et qui ont laissé un héritage pour le bonheur des futures générations que nous sommes . Je vous suis reconnaissant! Merci à vous!

-À toi mon père biologique Kouassi Y. Bruno qui a accepté d'être le représentant physique de mon Créateur. Tu as toujours été un exemple du père respectueux, honnête,courageux, je tiens à honorer l'homme que tu es. Grâce à toi papa j'ai appris le sens du travail, du service et de la responsabilité. Je voudrais te remercier pour ton amour, ta patience, tes soutiens pour ma réalisation.
Ce livre est le fruit de tous les sacrifices et les énergies que

tu as déployé pour mon éducation .Je t'aime papa et j'implore la Mère-Nature de toujours te garder en bonne santé en une vie longue et heureuse.

-À ma mère Akoua Madeleine pour son amour purement divin, ses soutiens et tout cequ'elle fait pour mon évolution. Sans toi maman ce livre ne serait jamais écrit .Merci infiniment maman ! Que l'Énergie Cosmique te garde toujours en bonne santé et t'accorde une longue vie!

-À mon coach LÉONCE R. BAYEBANE pour ses sacrifices pour mon évolution et ma réussite.
Votre blog www.ambition.centerblog.net, et vos livres "Le sens de la vie et Ne quittez pas ce monde sans lui avoir offert le potentiel qui git en vous!!" ainsi que vos conseils sont le fruit de ce livre. Malgré vos occupations en tant qu'ingénieur et écrivain vous trouvez toujours du temps pour m'enseigner et me conseiller en ligne. Vous êtes un ange pour moi! Ce livre est en quelque sorte un résumé de vos précieux enseignements et conseils. Votre sens d'humanisme prouve la philosophie que nous partageons.
Enfin, aucune dédicace ne saurait exprimer ma reconnaissance car c'est encore plus fort que les mots. Que Dieu vous bénisse et vous accorde le bonheur total!

-À mes tutrices de Tankessé Akoua Febri et sa fille tantie Akoua

ainsi que NAN la femme du feu vieux Kouadio tailleur pour leurs soutiens purement divins durant mes 4 années à Tankessé. Seul Dieu pourrait payer le prix de ce que vous avez fait pour moi ! Que Dieu vous accorde une longue vie!

-À Mo LABI maman de Mamou (Tankessé) pour son amour et ses soutiens. Seul Allah pourrait te payer le prix de ce que tu as fait pour moi et mes amis. Longue vie à toi maman!

-À mon formidable tuteur de BOUAKE oncle Kouamé Abandé Arnaud pour son sens d'humanisme et ses soutiens purement divins. Tu es vraiment un homme! Un vrai homme. Tu m'inspires par ta sagesse du silence! Tu es vraiment sage oncle! Que Dieu t'accorde plus de bonheur et t'accorde une longue vie!

-À la femme de tonton Arnaud, tantie Gbocho Estelle pour ses soutiens. Tu es vraiment formidable ma chère tantie. Tu es vraiment une femme formidable! Merci ma chère tantie! Seul Dieu pourrait te remercier !

-Aux enfants de tonton Arnaud, Yoane et son petit frère Christian.

-À mon ami Kouman Hervé rencontré en 2016 à Tienkoikro et qui est devenu un frère,un grand frère pour moi en quelques minutes de conversations. Tes soutiens et tes conseils ont fait de moi ce que je suis aujourd'hui.

-À ma grande sœur Tano Mireille pour son amour maternel et ses soutiens.

-À mon grand frère Yao Xavier pour son amour indescriptible et ses soutiens dans tous les aspects de ma vie. Tu es vraiment un grand frère. Que Dieu te bénisse!

-À mon maître, professeur Henri Bah et tous ses collègues de l'Université Alassane Ouattara de Bouaké.

-À mon maître spirituel, missionnaire Roland DJEDJE pour ses savoirs qui ne cessent de nourrir mon âme. Vous êtes formidable maître! Vous êtes vraiment une bibliothèque !

-À tous mes frères et sœurs de la famille KOUASSI et de la grande famille. Je pense àmon grand frère Datté Juslin et

Melaine.

-À Wallace Delois Wattles, Napoléon HILL, Robert T. Kiyosaki, Robert Greene, Coach Patrick Armand POGNON qui m'ont fortement inspiré à travers leurs livres.

-À mon coach Simon Ouédraogo et sa femme pour tout ce qu'ils font pour le bonheurdes jeunes.

- À ma petite sœur chérie Adeline et ma nièce Carmelle.

- À KAMBIRE SIE GERARD auteur du livre Devenez un HÉROS qui m'a inspiré à écrire.

-À mon très cher ami du lycée le grand informaticien Koffi Yao Martin, qui m'a beaucoup aidé dans le processus de publication de ce livre.

-À Ouattara Mamadou de Bouaké pour tous ses soutiens et ses conseils.

-À oncle Seydou qui ne cesse de m'inspirer. La preuve visible de la philosophie que je partage dans ce livre. Un homme qui n'a qu'un seul pied mais pourtant nourrir les Hommes à deux pieds et les défies sur le plan des réalisations. Ta vie prouve vraiment que le contenu du livre est vrai .Tout être humain est né pour réussir et inspirer les autres.

-À tous les grands hommes qui ont laissé un héritage spirituel, intellectuel et émotionnel pour l'humanité.

-À Bouddha, Jésus Christ, Mohamed et Samaël Aun WEOR pour leurs enseignements spirituels qui aident des milliers de personnes dans le monde à se réaliser en tant que vrai Homme.

Recevez ma gratitude !

REMERCIEMENTS.

Ce livre ne serait pas écrit sans les encouragements et soutiens de certaines personnes.

Je tiens à remercier ici:

-Mon ami et formateur Yao Kan Julien, étudiant au département de philosophie à l'Université Alassane Ouattara de BOUAKE qui m'a apporté ses savoirs durant mes parcours de Licence

philosophique.

-Mes amis de la 24ème promotion du département de philosophie à l'Université Alassane Ouattara de Bouake qui m'ont encouragé à travers leurs commentaires sur mes publications Facebook.

-Mon ami Eloge Rodrigue (l'homme de kpassanou) du département philosophique de l'UAO de Bouake à travers ses encouragements.

- Mon ami KOUASSI Kouassi Clément du département philosophique de l'UAO Bouake pour ses soutiens.

-Mon très cher frère N'Guessan Yao Vincent du lycée Moderne Agnibilékrou pour ses soutiens et ses débats instructifs . Merci infiniment cher ami!

-Mon très cher grand-père Yao Dibi Augustin de kokomian pour les savoirs qu'il m'a inculqué lors de nos différentes conversations depuis mon enfance jusqu'à l'âge adulte . Tu as nourri mon esprit de tes parcours, de tes expériences et de tes réalisations. Tu es vraiment un modèle pour moi grand-père!

-Ma défunte grand-mère Ama Akpouê.

-Ma grand-mère Christine pour son amour.

-Je remercie du fond de mon cœur tous ceux qui m'ont envoyé des messages sur Messenger et sur mon blog www.nepourinspirer.blogspot.com pour me témoigner leurs gratitudes face à mes publications tout en m'encourageants à écrire un livre. Merci à vous! Que Dieu vous bénisse !

-Je remercie mon professeur de philosophie du lycée Moderne d'Agnibilékrou M. N'Guessan Brou Hervé pour ses encouragements et ses soutiens à mon égard. Celui-là même qui appel son disciple que je suis "le philosophe". Merci infiniment maître d'avoir cru en mes potentiels et de m'avoir amené à croire en moi. Que l'Univers t'accorde une longue vie!

-Mon ami d'enfance Manzan Hervé de Tienkoikro pour ses soutiens et son amour.

- Mon ami Kouakou Parfait pour ses encouragements!

-Mon petit frère Koffi Adaman pour son amour, sa disponibilité,

ses critiques et ses encouragements. Merci infiniment cousin!

-Ma sœur Fiénin Sophie pour ses encouragements!

-Mon ami Fiénin Esaïe et Kra Joël pour leurs soutiens.

-L'informaticienne de Tollakouadiokro terminus (Bouaké), madame COULIBALY Mariam pour ses soutiens purement divins .
-Mon ami Karamoko dit KARA du Mali pour ses soutiens et son amour.
-Mon ami écrivain Dr Marus KOFFI pour ses motivations.

-Tous ceux qui m'ont apporté leurs soutiens d'une manière ou d'une autre. Vous êtes formidable! Que Dieu vous bénisse !

-Tous les lecteurs de ce livre.

Merci infiniment à vous!

INTRODUCTION

La réussite au sens mystique et divin du mot est un droit à tous. Chaque Homme vivant sur la planète terre a un droit inaliénable à la réussite sur tous les plans .Personne n'est en effet, dans la logique divine né pour mourir dans la pitié et dans la souffrance.

Le bonheur est un droit fondamental à tout-être humain quel que soit son statut social. L'Énergie Créatrice de l'univers veut accorder à tout Homme sans exception sociale le bonheur éternel. Pour en profiter de ce bonheur l'homme doit s'harmoniser avec L'Énergie Cosmique et connaître les secrets de l'univers et de la réussite . Pour bien s'harmoniser avec

L'Énergie Cosmique l'homme est appelé à se connaître et à connaître le but de son existence .

Ce présent livre est un guide qui se propose de dévoiler dans un ensemble d'articles les fondements de la réussite et du bonheur éternel.
Il se propose de donner des réponses aux questions suivantes :
-Quel est le sens de la vie?
-Comment faire de sa vie une source d'inspiration pour le monde?
-Comment faire pour matérialiser ses rêves?
-Quels sont les secrets pour atteindre ses objectifs?
-Comment faire pour devenir un avec Dieu et devenir immortel sur le sable des temps?
-Quels sont les secrets de la richesse ?

Vous auriez des réponses claires et pratiques de ces questions dans les différents chapitres de ce présent livre.

CHAPITRE I : LA VIE DES HOMMES A T-ELLE UN SENS?

1-L'UNIVERS COMME UN THÉÂTRE.

En réalité l'univers est une scène de théâtre où chaque espèce d'être vivant doit jouer un rôle avant sa mort. Un rôle qui

doit participer au bonheur des autres. Telle que la nature est, aucun être vivant ne peut exister sans de rôle utile pour l'humanité. Ainsi pour que les différentes créatures soient utiles pour les autres la Nature dans son grand projet de création a donné à chacune d'elles des particularités exceptionnelles. Des particularités tels que des talents, des vertus et des dons .Que consiste en réalité ces talents, ces dons et ces vertus que la Nature (Dieu) offre à tous les êtres vivants?
Voyons d'abord le sens de ces particularités chez l'Homme. Un talent chez l'Homme est un rôle qu'il est censé jouer dans les scènes de la vie .Voyons en exemple celui qui est né avec comme don (talent) la parole, un tel individu doit savoir qu'il est né pour défendre la cause des sans voix, lutter contre l'injustice avec sa parole et non par autres choses que le bien des autres. La Nature nous a tout donné pour mener une existence heureuse. Elle a doté de chacun une capacité exceptionnelle .Une capacité, quelque chose en nous pour aider les autres à avancer .Rien n'existe sans utilité.
Rappelons rapidement que souvent l'homme n'arrive pas à percevoir sa place c'est-à dire son rôle que la Nature lui a confié de jouer et cela est l'une des causes de nos problèmes . En fait, certains n'arrivent pas identifier leurs talents en termes plus clair.

Observez bien la nature et vous verrez que toutes les espèces d'être vivant jouent des rôles utiles dans la vie des

autres êtres vivants. Prenons le citronnier, le manguier, les arbres et leurs racines, le soleil, la pluie, les animaux, etc et vous verrez qu'ils jouent des rôles utiles pour l'humanité. En fait, nous sommes nés pour nous entraider, nous sommes nés pour nous aider les uns les autres avec ce que nous avons comme capacités et talents. Ainsi, chaque homme avant de se battre, avant de lutter pour son avenir doit chercher à connaître son rôle. En fonction de vos talents demandez-vous ce que puissiez faire d'utile pour le monde . Le seul but de votre existence et derrière lequel   vous devez courir c'est de chercher à être utile pour les autres. Vous devez vivre de sorte que vous soyez utile pour les autres!
Vous devez être une source de bonheur et de bénédictions pour les autres!Vous devez être celui ou celle qui fera vivre les autres par ses talents.
Vous devez être celui ou celle qui fera vivre les autres grâce à ses moyens financiers,intellectuels, spirituels, etc .

Sachez que votre argent ne sera rien s'il ne participe pas au bonheur des autres.
Vos enfants n'auront pas de valeur et ne serviront à rien si en réalité ils sont mal éduqués!
Votre grande villa (maison) ne servira à rien si en réalité vous refusez de loger des étrangers chez vous.
Peu importe ce que vous avez comme bien ne limitez pas ses actions favorables à vous uniquement. Que seriez-vous si les autres espèces vivantes ne jouaient pas leurs rôles? Pourquoi

ne jouez-vous pas normalement votre rôle auquel la Nature vous a programmé?

Pour vous qui cherchez la valeur et la grandeur, sachez que vous avez de la valeur lorsque vous êtes utiles pour les autres. Si votre richesse ne participe pas au bonheur des autres c'est que vous êtes loin de la grandeur .Mais quelle que soit votre pauvreté vous pouvez devenir un grand homme , un homme de valeur, un immortel en suivant juste le bon chemin de la vie, le vrai sens de la vie. Vous devez juste chercher ce que vous pouvez faire pour le bien être des autres. Vous n'avez pas besoin de toutes les richesses du monde pour le faire. Il vous suffira juste de connaître ce que vous voulez faire et ensuite chercher les accessoires qui vous permettront de le réaliser.

Vous devez chercher à vivre et fait vivre ceux qui sont là et ceux qui viendrons demain. Vous devez fait vivre les autres par vos actes, vos pensées, vos services, vos réalisations, votre manière de parler, par vos vérités, par votre voix, etc .

Ne soyez par celui qu'on oubliera après son enterrement.Ne soyez pas celui qu'on oubliera après son départ.

Vous devez laisser votre marque avant votre mort pour que les générations à venirs puissent s'en servir pour progresser.

Enfin, la vie est une scène de théâtre où chaque être vivant doit jouer un rôle utile pour le bien-être des autres.

La première question que l'homme doit se poser aujourd'hui c'est : qu'est-ce que je peux faire pour l'humanité?

L'argent n'est pas le pourquoi de notre existence ni même la chose qui fait notre bonheur mais juste l'un des accessoires de notre bonheur terrestre.
Suivez le sens de la vie pour que cesse les maux actuels de nos sociétés. L'humanité a besoin du bon progrès. Les hommes veulent
vivre librement, nous devons de ce fait suivre le sens de la vie car en réalité nous sommes tous nés pour être heureux. C'est au vue de ce bonheur que la nature a créé tous les accessoires pour notre bonheur.

C'est quoi le sens de la vie en réalité?
Et qu'entendons-nous par les accessoires de la vie?
Vous trouverez les réponses dans les articles suivants .

2- LE SENS DE LA VIE.

Êtes-vous une fois arrivé de vous poser ces questions :
-Pourquoi sommes-nous sur terre?
-Quel est le sens de la vie?
-Pourquoi vivons-nous?
-Pourquoi sommes-nous nés?
-Quel est le but de notre vie?

Telles sont les questions qui devraient vous préoccuper avant de chercher à vous enrichir dans cette vie. Autrement chercher à connaître le pourquoi de votre existence avant toute chose serait encore mieux.

Beaucoup de mes contemporains pensent de toute leur âme que le sens de leur vie consisterait à avoir des diplômes, décrocher un brillant boulot, se marier, faire des enfants et attendre patiemment la caravane de la mort pour quitter la scène de la vie. Quelle contraction avec le sens réel de leur existence?

Certains pensent même que leur réussite sur la scène de la vie se résumera à leurs diplômes, leurs titres sociaux, leurs richesses ou leurs biens matériels .En vérité sachez que ce que nous avons comme diplômes, richesses ne sont que des accessoires qui nous aideront à atteindre le but de notre existence. Le but de l'existence de l'humain et de toutes les créatures divines est au delà de la richesse, des diplômes, des talents, des dons, des valeurs et des biens qu'une des créatures divines pourrait posséder au cours de son existence. L'homme pourrait posséder tous les biens du monde et rater complètement le sens de sa vie. En vérité, sachez que tout ce que nous pouvons avoir comme bien dans ce monde ne sont que des accessoires pour accomplir l'œuvre divine qui sommeil en nous. Précisons également que vos diplômes et vos richesses auront de sens et de valeurs que s'ils arrivent à résoudre les grandes questions

de votre existence qui ne sont rien d'autres que les questions suivantes :

Pourquoi êtes-vous sur terre?

Quel est le sens de votre vie? En quoi seriez-vous utile sur cette terre?

Le sens de votre vie se détermine par votre utilité .Et vous êtes utile lorsque vous servez à quelque chose de plus noble. Écoutons à cette vérité divine les propos du grand sage Léonce R. BAYEBANE dans son ouvrage intitulé Le Sens De la vie, lui qui se prononçait sur cette vérité divine affirmait que : « Le sens de la vie est que vous soyez utile aux autres. Ou encore vous ne suivez le sens de la vie que quand vous ferez de votre vie une source d'inspiration et de bénédiction pour les autres. Pour résumer, si vous voulez grandement réussir, ce n'est donc pas de vous dont il s'agit sur cette terre, mais des autres! » (Le sens de la vie, p20)

Quel est donc le sens de votre vie? En quoi seriez-vous utile aux autres dans la vie grâce à vos diplômes, vos richesses et vos talents? La réponse qui se dégage de ces questions est le sens de votre vie. Le sens de votre vie est en quelque sorte une cause noble que vous êtes appelé à défendre aux cours de votre vie. Que voulez-vous faire pour le monde avant que vous ne quittiez la scène de la vie? Telle devrait être la question fondamentale de l'existence de toutes les créatures divines en particulier l'Homme. Malheureusement, beaucoup échoueront le but de leur existence malgré leurs richesses et diplômes qu'ils auront. Dans cette vie, vous n'êtes pas nés pour impressionner les autres avec vos dons, vos talents, vos diplômes et vos richesses mais vous êtes nés pour livrer au monde ce que Dieu vous a confié.

Ne cherchez pas à vous enrichir sans cherchez à connaître ce pourquoi vous êtes nés. Ne cherchez pas des diplômes sans connaître le but de votre existence sur cette terre. Ne soyez pas un acteur naïf qui montant « sur scène, ignore son rôle mais se préoccupe plus du costume qu'il portera. Ne le traiterons-nous pas d'insensé ? Hélas, c'est effectivement ce que l'homme est lorsqu'il ignore pourquoi il est sur terre, pourquoi est- il né mais voue toute son énergie à vivre en pilotage automatique : avoir un diplôme, avoir un travail, se marier, faire des enfants et. .. mourir! Non! La vie nous appelle à plus et ce plus n'est réalisable que si nous suivons le sens qu'elle nous indique.(...).En suivant le sens de la vie, votre perception du monde et des priorités changera .C'est en trouvant quel est le sens de la vie qu'un diplôme, un mariage, un travail, l'argent prennent toute leur signification. » (Le sens de la vie de LÉONCE RODRIGUEBAYEBANE).

Voyez-vous maintenant que vous n'êtes pas nés au hasard et en vérité votre vie est destinée à quelle que chose d'utile sur terre?

Cherchez le sens de votre vie et faites de votre vie un don à l'humanité. Faites de votre vie une source d'inspiration !

Que votre argent sert aux autres.

Que votre brillante écriture relève la conscience des autres!Utilisez votre argent pour soutenir les pauvres malades .

Utilisez votre temps pour éduquer vos enfants!

Que votre talent d'art oratoire soit à la libération des causes justes des sans voix.Refusez de mourir si vous n'avez pas encore réalisé le sens de votre vie.
Acceptez de mourir pour défendre des causes nobles.
Faites quelque chose d'utile qui servira le monde d'aujourd'hui et celui de demain après votre mort. Ne quittez pas la scène de la vie sans laisser quelque chose d'utile à votre communauté .
Si vous n'avez pas d'argent pour aider les pauvres malades, plantez juste un arbre au milieu de votre communauté .Cet arbre sera plus tard une source de repos et d'échange pour les vivants.
Laissez des empreintes utiles avant de quitter la scène de la vie.
Que votre vie soit une source de bonheur et de joie pour le monde.

Comprenons nous bien que l'argent, les diplômes, le conjoint ou la conjointe, vos enfants, le monde qui vous entour, etc ne sont que des accessoires qui vous aideront à jouer votre rôle pour lequel vous vivez en ce moment même sur cette terre . Ne faites pas l'erreur de considérer les accessoires comme but de votre existence.

Accomplissez l'œuvre et le rôle que votre créateur vous a confié avant de quitter la scène pour ne pas regretter plus tard lors de votre mort.
Ne passez pas tous vos temps à chercher des accessoires sans réaliser le vrai but de votre existence.

Construisez une école, un hôpital, une pharmacie dans votre communauté pour servir les autres.

Décidez de scolariser un orphelin pauvre une seule année!

Visitez les malades pauvres et servez les avec vos moyens.

Nous ne sommes pas nés pour impressionner les autres avec nos biens mais nous sommes nés pour servir les autres avec ce que nous avons sans tomber dans la servilité !

Nous sommes des instruments de Dieu.

VOUS N'ETES PAS NÉS AU HASARD,

VOUS N'ETES PAS NÉS POUR VIVRE ET MOURIR SANS RIEN LAISSER D'UTILE À L'HUMANITÉ. VOTRE VIE A UN SENS CHERCHEZ DONC SON SENS ET RÉALISER-LE AVANT DE QUITTER LA SCÈNE.

Enfin, nous sommes nés pour réussir et faire réussir les autres par notre réussite.

Nous sommes nés pour inspirer!

Donnez un sens à votre vie en fonction de vos capacités naturelles.

Léonce Rodrigue BAYEBANE, Le sens de la vie « De même, l'homme peut posséder une grande fortune, avoir autant de diplômes qu'une myriade d'étoiles, porter le titre de Président ou de maçon, de croyant ou d'athée, s'il ne s'est pas attelé à saisir le sens de la vie, alors, il aura le navire en ignorant le cap à suivre, une raquette sans comprendre les règles du tennis. Il aura existé, mais il n'aura pas vécu. Réussir dans le jeu de la vie demande donc d'en comprendre le sens, d'en saisir la portée. »

LÉONCE RODRIGUE BAYEBANE, Le sens de la vie « La vie a un sens. Mais pour le trouver, il faut le rechercher de tout notre cœur. »

PABLO PICASSO, « Le sens de la vie est de trouver ses dons. Le but de la vie est d'enfaire don aux autres ».

Auteur inconnu « L'essentiel n'est pas de vivre mais d'avoir une raison de vivre. »

Pour en savoir plus sur le sens de la vie, lisez Le sens de la vie de LÉONCE RODRIGUE BAYEBANE.

Comment servir pour ne pas tomber dans la servilité? Pour trouver une réponse divine et juste à cette question lisez les livres suivants :
-La Science de la Grandeur de WALLACE Delois WATTLES.
-Le Nouveau Christ de WALLACE Delois WATTLES.
-Le Sens de la Vie de LÉONCE RODRIGUE BAYEBANE.

3- VOS TALENTS VOUS RENDRA LIBRE.

La Nature a pourvue à chaque être vivant plus ou moins un talent. Cela sous-entend que   chacun de nous a un talent. Cherchez au plus profond de vous, vous en finirez par l'identifier ! Votre talent est généralement ce que vous arrivez à faire avec plus de facilité et avec beaucoup de plaisir. Généralement quand quelqu'un fait une activité de son talent il ressent un plaisir intense et n'a besoin d'aucune récompense. Le plaisir qu'il en tire de cette activité fait qu'il oubli les soucis de la vie. Cette activité fait vibrer son âme et active son intuition .

Pour identifier vos talents posez-vous les questions suivantes :

-Dans quelle activité j'ai plus de capacités et d'attitudes naturelles ?

-Quelle activité me passionne plus ?

-Qu'est-ce que je sais fait de mieux que les autres ? Ou dans quelle activité je me sens mieux ?

Les talents sont des aptitudes ou capacités innées que la Mère-Nature offre à chaque Homme depuis son fœtus dans le ventre de sa mère .

Le talent peut-être un savoir-faire ou un savoir-être .

Que savez-vous fait le mieux et que les autres apprécient chez vous ?

Vos talents sont à l'intérieurs de vous !
Cherchez-les et travaillez-les (développez-les) tout en vous mettant en pratique, en action pour aider le monde qui vous entour!

Ceux qui exercent le métier de leurs talents (passions) sont les plus heureux de la terre.

Même les animaux qui mettent en pratique leurs talents sont les plus heureux de tous les animaux .Nous en voulons pour preuve les animaux sauvages en particulier le lion. Le talent du lion c'est sa capacité à chasser. Plus vite il a sûr qu'il avait un talent de chasseur il l'a donc développé et devenu aujourd'hui l'animal le plus redoutable de la terre. En plus d'être heureux, il est respecté dans tous les territoires d'animaux.
Qu'attendez-vous aujourd'hui ? L'argent ? Pour commencer quoi?
Sachez qu'avec vos talents vous pouvez partir de rien et devenir un grand demain!Avec vos talents vous deviendrez riche!
Avec votre talent vous gagnerez le respect des autres !Avec vos talents vous allez inspirer les autres !
Chacun de nous a plus ou moins un talent .
Peu import votre talent, vous devez le mettre au service des autres et c'est ce que Dieu a décidé en vous le donnant!
Arrêtez de dormir avec vos talents !Je veux dis exploitez-les. Ne les laissez pas s'ensommeiller en vous ! Réveillez-les et faites-les connaitre au monde.

L'homme est le plus sage parmi tous les animaux que Dieu a créé mais lui seul est malheureux parmi ces animaux. Pourquoi malgré notre sagesse nous menons une vie malheureuse et difficile. Pourquoi ? Parce que l'homme peine à se connaître et à trouver la vraie direction de sa vie . Si chacun de nous exerçait le métier de ses talents ou passions on allait être les plus heureux de la terre parmi toutes les créatures divines. Mais hélas, l'homme s'étouffe souvent dans un métier qui ne lui passionne pas. Il exerce souvent des métiers par intérêt et ses choix lui causent beaucoup de peines dans sa carrière. Il devient stressant à cause du dégoût de son travail et pour finir les différentes maladies lui disent bonjour et bientôt la pauvreté et la mort précoce. Pour éviter ces problèmes veuillez choisir les métiers de vos talents ou les métiers qui vous passionnes.

Votre talent est en vous !
En exerçant le métier de vos talents votre aura brillera .Plus votre aura brillera, plus vous auriez la chance et le succès. Précisons également qu'en exerçant le métier de vos talents ou les métiers qui vous passionnes votre énergie éthérique s'élèvera aux dimensions supérieures de votre être et plus elle s'élèvera plus vous
auriez la chance. Car cette élévation éthérique fera briller votre étoile ou aura ce qui attirera les bonnes circonstances et les bonnes personnes dans votre vie.
En exerçant le métier de vos talents vous deviendrez libre,

heureux et respecté. Trouvez donc vos talents !

4- LAISSEZ VOS MARQUES SUR LE SABLE DES TEMPS.

Quoi que vous-êtes,
Quelle que soit votre
situation sociale,
Quel que soit votre niveau,
sachez que vous êtes nés
pour réussir. Donc ce que
vous devrez fait maintenant
c'est de donner un sens à
votre vie. Où voulez-vous
être?
Que voulez-vous être dans le
futur?Donnez un sens à
votre vie maintenant !

Quel type l'homme ou femme voulez-vous être demain? Un chef ou un suiveur? TRVAILLEZ pour ce rêve et laissez votre marque de vie avant votre mort.

Vous êtes nés pour laisser une marque positive dans la société. Vous n'avez pas forcément besoin d'avoir beaucoup d'argent pour laisser cette marque.Mais juste de la volonté et le courage pour la matérialiser. La preuve dans mon village vivait autrefois un cultivateur du nom de Ntita Nkongo, ce pauvre planteur a laissé sa marque positive avant sa mort. De son vivant avant ma naissance, le vieux Ntita Nkongo avait planté juste un manguier au milieu du village et cet arbre est sa marque. Imaginez les bienfaits que procurent ce manguier dans le village. Ce manguier en plus de produire des fruits pour les villageois et les oiseaux est aussi une source de repos pour les villageois et les oiseaux. Le vieux n'a t-il pas réussir sa vie? Le vieux Ntita n'a t-il pas laissé une marque positive au sein de l'humanité malgré sa pauvreté ?

Et son geste(sa marque) est le meilleur et c'est ce que Dieu demande à chacun de nous. Chacun doit ajouter un plus à l'évolution de l'humanité.

La réussite de l'humain est au delà de l'argent. L'homme peut avoir de l'argent et échouer sa vie.

L'argent est un parfum dans notre bonheur et non pas notre idéal de vie. L'argent n'est pas notre raison d'être. Faisons comme le vieux Ntita, cherchons bien la marque que nous voulons laisser mais que cette marque soit une source de bénédiction, une source d'évolution et une source de bonheur pour l'humanité .

Et pour cela:

Où que nous soyons, malgré notre pauvreté nous pouvons faire du bien autour de nous en évitant le mal que la pauvreté pourrait pousser un homme à faire .

Evitons de faire aux autres ce que nous n'accepterions jamais que l'on nous le fasse un jour. En effet, dans les règles strictes de la nature tout ce que nous faisons nous rattrape,que ça soit bien ou mal. Ce principe spirituel est bien vu par le spirituel Deepak Chopra dans son livre intitulé Les Sept lois spirituelles du succès lorsqu'il écrit que : « Chaque action génère une force qui revient vers nous telle qu'elle a été mise en œuvre... Nous récoltons ce que nous avons semé. Lorsque nous choisissons d'agir pour apporter le bonheur et le succès aux autres, alors les fruits du karma sont le bonheur et le succès. »

Juste pour vous dire que tout ce que nous faisons nous rattrape , nous et notre famille. Car toute graine que nous mettons sous la terre, pousse et donne les fruits de la même graine. Avez-vous une fois vue qu'on a semé les graines d'aubergine et récolter comme fruit la tomate? Ce même principe est appliqué à tout ce que nous faisons comme bien ou mal. Rien n'existe sans raison .Toute action a une récompense. Cette récompense peut être positive comme négative en fonction de l'action (bonne ou mauvaise).

QUESTIONS À SE POSER CHER(E)S LECTEURS ET LECTRICES.

Posez-vous ces questions aujourd'hui et répondez-les avec sincérité.

Posez-vous la question:

-D'où je viens? (D'où venez-vous?)
-Où irai-je après cette vie? (Où irez-vous après cette vie?)
-Quelle est ma raison d'être? (Pourquoi êtes-vous né?)

Trouvez une réponse personnelle à ces questions permet à l'homme de donner un sens à sa vie. Que penser en effet d'un voyageur embarqué dans un véhicule ne cherchant pas à savoir d'où le véhicule vient et quelle sera sa destination?

Répondez à ces questions avant de continuer la lecture.

CHIPITRE II: LA SANTÉ COMME CLÉ DE LA RÉALISATION DU SENS SENS DE LA VIE.

1- VOTRE SANTÉ EST COMPARABLE À LA BATTERIE DE VOTRE TÉLÉPHONE PROTÉGEZ-LA.

Vous ne réaliserez rien de grand de vos propres mains si vous n'êtes pas en bonne santé. VOTRE Santé est votre première richesse protégez-la.

Le fonctionnement du corps humain n'est en réalité pas si différent du fonctionnement de votre appareil téléphonique. Votre téléphone comme votre corps a besoin de l'énergie pour pouvoir travailler. Et vous ne réaliserez rien de grand si vous n'avez pas d'énergie dans votre corps. Une batterie sans énergie ne pourra jamais travailler. Votre santé est donc comparable à la batterie de votre téléphone. Veuillez donc la protéger, la charger et respecter scrupuleusement ses limites afin de toujours l'avoir en forme et toujours intacte car une vérité à ne plus démontrer sans elle vous n'y arrivez nul part. Vous devez donc l'entretenir et surtout bien la protéger .Votre santé est précieuse, protégez-la comme une femme enceinte protège précieusement son ventre. En fait, c'est par elle que vous réaliserez les plus grandes choses de votre existence. Respectez donc ses limites pour en profiter pleinement de ses grâces. La santé de l'homme est une sorte d'appareil énergétique respectant comme toute chose des règles bien précises. Pour maintenir la batterie de votre téléphone en forme de manière durable vous devez respecter ses principes et ses lois sinon elle ne durera jamais. Vous devez pour la maintenir en forme de manière durable:

- La chargée selon son cycle de charge complète (4h ou 3h selon la batterie.) sans la débrancher de la prise électrique.

-Tenir contre de ses limites d'énergie c'est-à dire éviter de la forcer à travailler pendant qu'elle est déchargée. Si vous la forcez à un certain moment elle s'éteint pour de bon. En fait, ne la fatiguez pas trop car si vous n'en tenez pas compte de ses limites à partir d'un certain moment lorsque vous la chargez elle ne durera plus et c'est de même pour Votre santé. Pour garder votre corps en bonne santé vous devez respecter ses lois et ses limites.Pour cela vous devez pour rester toujours en bonne santé :

-Manger sainement car la nourriture est celle qui donne de l'énergie au corps comme le courant électrique donne de l'énergie à la batterie. Mangez beaucoup de feuilles et de fruits car en eux se trouvent une bonne énergie qui vous aidera à rester toujours en bonne santé.

-Vous devez pratiquer un sport. Le sport éradique assez de maladies dans le corps et donne une certaine énergie au corps. Ne dit-on pas que le sport fait vivre ou le sport est source de la santé? C'est une réalité. Veuillez donc établir dans vos programmes la pratique du sport. Ça peut être le foot, etc.

Choisissez un sport selon vos convenances.

- Dormez suffisamment. Dormez quand vous vous sentez fatigué ou épuisé en tous cas au moins 8h par jour. C'est vraiment capital pour maintenir sa santé. Respectez vos heures de sommeil. Ne fatiguez pas trop votre corps, reposez -vous lorsque vous êtes fatigué. En fait, quand vous persistez votre corps dans une activité lorsque vous êtes épuisé vous affaiblissez sans le savoir l'énergie que compose votre santé . Et vous remarquerez par la suite que votre santé signera un pacte avec la maladie. Votre santé est le premier passeport pour réaliser vos rêves respectez-la scrupuleusement et surtout évitez de négliger ses lois et ses principes. Respectez vos heures de repos c'est vraiment essentiel. Respectez-les besoins de votre corps pour éviter le pire .N'acceptez jamais que votre santé pactise avec la maladie. Veuillez donc respecter ses principes et ses lois. Dormez 8h !

-Buvez beaucoup d'eau.

- Réduisez vos moments face à l'écran. Ne passez pas toute une journée face à l'écran de votre téléphone, télévision ou ordinateur. En tout cas si vous êtes accro c'est le moment de réfléchir à ça et réduire votre temps face à l'écran. C'est un danger pour votre santé, votre cerveau et surtout pour vos yeux.

-Faites ce qui vous passionne. L'énergie de notre corps augmente lorsque nous faisons les choses qui nous

passionnes. Elles donnent une certaine énergie au corps et à notre cerveau. Regardez par exemple une vidéo de comédie, une vidéo de motivation, etc.(selon ce qui vous passionne).Mais ATTENTION!!! Ne demeurez pas éternel dans ces choses si vous savez qu'elles ne participent nullement à l'accomplissement de vos rêves.
Faites ces choses avec sagesse et conscience de manière mesurée en leurs accordant un temps précis et mesuré.

-Lavez-vous régulièrement matin, midi et soir (matin et soir pour certains) mais au moins deux fois par jour. L'eau sur le corps est l'une des panacées incontestable de la santé humaine. L'eau est source de vie sous tous les plans de la vie humaine. Lavez-vous régulièrement pour éviter certaines maladies liées à la peau et autres .L'eau sur le cerveau joue un grand rôle. Se laver est donc l'un des piliers le plus primordial pour maintenir son corps en bonne santé.
-L'amour de l'humain et de la nature. Passionnez-vous des hommes et de la nature. Aimez-les! L'amour est vraiment source de santé. Ayez au moins quelqu'un avec qui vous échangerez physiquement et non virtuellement. Ayez un animal que vous prendrez plaisir à élever. Ayez une ou des fleurs que vous prendrez plaisir à entretenir. Cela éveillera votre esprit et votre âme aux dimensions supérieures et vous procurera la santé.
-Lisez des livres de sagesse tels que la bible, le coran, Le sens

de la vie de Léonce R. Bayebane, Ne quittez pas ce monde sans lui avoir offert le potentiel qui git en vous de Léonce R. Bayebane vous maintiendra en bonne santé. Lisez les articles de sagesse, les biographies des grands hommes, les livres de sagesse, les blogs inspirants, etc. tout cela agira sur votre santé et vous gardera en bonne santé. En fait, en les lisant l'énergie de votre santé s'élèvera .

-Buvez régulièrement du miel pur et naturel.

- Méditez chaque jour ! Les bienfaits de la méditation sont extraordinaires. Les expériences scientifiques menées sur la méditation ont prouvée que la méditation permet de maintenir sa santé et d'avoir une longue vie .

Veuillez donc intégrer obligatoirement la méditation dans vos programmes. Faites vingt minutes de méditation consciente les matins et vingt minutes les soirs cela vous aidera à ne plus visiter les hôpitaux chaque semaine .Vous en finirez avec le stress, source de plusieurs maladies. Par expérience personnelle sans me baser sur les expériences scientifiques je confirme que la pratique de la méditation permet de garder sa santé et en plus elle éveille nos facultés psychiques .

Chaque matin asseyez-vous confortablement sur une chaise, les pieds posés au sol, les deux mains sur les cuisses, la tête bien redressée, le dos bien droit commencez par inspirer en gardant votre souffle dans vos poumons (pendant quelques secondes) et ensuite expirez lentement par la bouche .Faites cet exercice de relaxation pendant vingt minutes les matins et la nuit au couché chaque jour vous aidera miraculeusement à rester en bonne santé sur tous les plans de votre vie à savoir sur le plan biologique, spirituel, intellectuel et moral .Expérimentez les bienfaits de la méditation vous-même en vous mettant en pratique chaque jour .Les résultats seront extraordinaires ! Vous devinerez plus productif sur le plan intellectuel en pratiquant la méditation chaque jour .

-Ne gaspillez pas votre énergie dans les choses inutiles. Utilisez chaque moment que votre santé vous permet pour poursuivre vos rêves, ce qui compte pour vous. Ne dilapidez pas votre précieuse énergie dans les choses futiles, stériles, et dénuées de tout intérêt avec votre vision de vie, vos objectifs et vos rêves de vie. Utilisez cette énergie pour bâtir le pont de votre vie qui servira aussi d'autres générations. Chaque minute qui vous trouve en bonne santé est une grâce et cette grâce vous est offerte par la Nature pour poursuivre votre raison d'être. Ne la dilapidez pas dans les choses inutiles .Consacrez votre vie, votre temps à votre raison d'être, ce qui compte le plus pour vous,votre avenir...car votre vie est limitée .Cela dit, c'est le moment. Le moment où vous êtes en vie, le moment où vous avez la santé...

Je crois de tous les cris de mon âme que sans votre santé vous n'y arriverez nulle part alors pourquoi maltraiter son corps? Pourquoi ne pas respecter ses lois et ses principes? Pourquoi la négliger?

Vous avez beaucoup de choses à réaliser dans ce monde donc respectez les limites, les lois et les principes de votre santé.

" La santé, c'est ce qui sert à ne pas mourir chaque fois qu'on est gravement malade.Papiers colles iii (édition 1978) - Georges Perros

<<Quand on a la santé, c'est pas grave d'être malade>>
- Francis Blanche

La maladie nous apprend qui fait le bonheur, l'argent ou la santé.
- Mazouz Haque

La santé n'est pas seulement l'absence de la maladie. C'est une joie intérieure que nous devrions ressentir tout le temps, un état de bien-être positif.
- Chopra Deepak

CHAPITRE II: LES SECRETS ET LES LOIS DE LA VIE.

1- LES 14 LOIS UNIVERSELLES QUI GOUVERNENT L'UNIVERS.

1. La loi de l'unité divine

Ce principe se rapproche de l'effet papillon, le concept selon lequel les petites causes ont de grandes conséquences. Dans l'Univers, tout est connecté. A chaque instant de notre vie, nos pensées, nos actions et nos dires affectent notre entourage. Tout est énergie, et toute énergie est l'extension d'une source d'énergie principale, que certains appellent Dieu.

2. La loi de vibration

Cette seconde loi stipule que toute chose dans l'Univers, vibre et se déplace selon un modèle circulaire. Chaque son, chaque pensée, chaque image a sa propre fréquence.
Tout comme on calcule les ondes émises par le soleil, on peut mesurer la fréquence des pensées, des désirs et des émotions qui vous caractérise grâce à ce motif circulaire.

3. La loi de l'action

Cette loi doit être appliquée pour manifester tout ce que vous voulez sur Terre. C'est ainsi que vous devez agir et vous engager dans des activités qui s'alignent avec vos objectifs. Sinon, ces derniers resteront à jamais des rêves ou des pures fantaisies. La foi ne suffit pas si on ne l'accompagne pas de l'action nécessaire.
De plus, toute action engendre un résultat positif, immédiat ou non, une leçon ou unenouvelle expérience.

4. La loi des correspondances

Le monde physique et ses lois sont des manifestations du monde spirituel. Ce qui se passe à l'extérieur a d'abord existé à l'intérieur. C'est notamment la raison pour laquelle celui qui maîtrise son esprit peut créer intentionnellement ses expériences physiques. Quelqu'un d'intérieurement négatif, en colère, jaloux ou malheureux, reflète cette négativité autour de lui. Au contraire, quelqu'un rempli de joie, heureux, enthousiaste, contaminera son entourage de cette positivité.

5. La loi de cause à effets
Connue aussi sous le nom de loi du karma, cette loi précise que rien ne se produit par hasard. Toute action est accompagnée d'une réaction ou d'une conséquence. De façon immédiate ou quelques temps plus tard, on récolte toujours ce que l'on sème.

6. La loi de compensation

Pour comprendre ce principe, imaginez la loi de cause à effets, mais appliquée aux bénédictions et à l'abondance qui vous sont données. Le bien que vous faites autour de vous et reviendra sous différentes formes. La compensation est à la hauteur de votre contribution, donc en faisant plus que ce qui est demandé, vous serez grandement récompensé .

7. La loi de l'attraction

La loi de l'attraction est sans doute la loi la plus commune de toutes. Par la force de vos pensées, vous attirez des choses ou des personnes particulières dans votre vie. Tout ce que vous dites, pensez ou ressentez attirent des énergies. Négatives ou positives, à vous de voir.

8. La loi de transmutation de l'énergie

Selon cette loi, vous avez le pouvoir de passer d'une forme d'énergie à une autre à n'importe quel moment : chaque individu est donc en mesure de changer sa condition de vie. En outre, vos pensées positives font disparaître vos pensées négatives. Il suffit de se concentrer sur ce que vous voulez.

9. La loi de la gestation

Autrement appelée la loi du timing divin, ce principe énonce que la réalisation de toute chose nécessite du temps. Il faut attendre avant qu'une plante devienne un arbre. Il faut une période de

gestation avant qu'un enfant vienne au monde. De même, chacune de nos pensées, mots, émotions et actions est une graine. Une fois bien nourrie de votre attention et de vos actions, cette graine germera sous forme de situations et de circonstances de vie.
Soyez activement patient !

10. La loi de la relativité

Vous traverserez tous des épreuves dans votre vie. Des tests, qui auront pour but de renforcer votre lumière intérieure. Ces derniers doivent être perçus comme des opportunités qui nous permettent de rester éveillé en cherchant des solutions. Cette loi vous apprend aussi à comparer vos difficultés à celles des autres. Aussi dramatique que semble être votre vie, il y a toujours quelqu'un dans le monde qui est dans une situation pire que la vôtre.

11. La loi de la polarité

Dans la vie, tout a un contraire. Il ne peut y avoir de chaud sans le froid. Il ne peut y avoirde hauts sans bas. De même, il ne peut y avoir de bonheur sans malheur. Cependant vous avez entièrement le choix de ce que vous souhaitez manifester en y accordant votre attention et votre énergie. Ce sur quoi vous choisirez de vous concentrer se développera pendant que son contraire disparaîtra.

12. La loi du rythme

Tout bouge à un certain rythme, il suffit d'observer la nature pour le comprendre. Dans ce champ rythmique spectaculaire, la Terre tourne sur elle-même et autour du soleil.
Les marées des océans ont un temps pour être hautes et un autre pour être basses. Aussi, des rythmes établissent les saisons ou encore les étapes du développement des êtres vivants.

13. La loi de croyance

Vos émotions, vos convictions et tout ce que vous acceptez comme vrai par vos pensées devient votre réalité. Même si quelque chose s'avère être faux, votre imagination prend le dessus sur la réalité si vous croyez dur comme fer à ce que vous avancez. Attention à ce principe qui peut être limitant, c'est ainsi que certains criminels n'avouent par exemple jamais qu'ils sont coupables.

14. La loi du genre

Cette dernière loi stipule que tout a son principe masculin (yang) et son principe féminin(yin), c'est la base de toute création. Derrière chaque grand homme se cache une grande femme, et inversement. Le principe masculin est assimilé à la logique, à la virilité tandis que le principe féminin est associé à l'intuition et la sensibilité. Ces deux principes doivent être équilibrés car l'un ne peut exister sans l'autre.

(Source de ces lois:Télégramme Coach Simon Ouédraogo.)

2- QU'EST-CE QUE L'HOMME?

Avant que les clichés de nos pensées nous poussent à croire que nous sommes Homme, demandons-nous qu'est-ce que l'Homme ? L'Homme, est-ce celui qui naît sous la forme humaine?

L'Homme selon nous, n'est pas celui qui possède un corps humain ou une formehumaine mais c'est celui qui agit avec sa conscience.

L'Homme c'est celui qui arrive à distinguer le bien du mal et décide de faire le bien !L'Homme c'est celui qui réfléchit avant d'agir!

L'Homme c'est l'animal le plus sage car par le pouvoir de son entendement il sait qu'il ne doit pas faire à l'autre ce qu'il ne voudrait jamais qu'on le lui fasse.

L'Homme c'est celui qui est éduqué car sans l'éducation l'Homme ne serait qu'un simpleanimal qui ne vivra que pour détruire.

Cherchons l'éducation avant toute chose afin que l'humanité retrouve son état naturel :la paix et le bonheur des Hommes.

L'éducation fait de nous des Hommes tandis que l'ignorance nous rapproche de l'animalité.

Chaque parent doit s'éduquer sérieusement afin de bien éduquer les enfants que la Nature lui accordera.Si les enfants de chaque famille du monde sont bien éduqués le monde actuel changera et bientôt les prisons du monde seront fermées .

3- L'HONNÊTETÉ COMME L'UN DES PLUS GRANDS SECRETS DE LA RÉUSSITE.

Soyons honnête même si nous ne sommes pas des êtres parfaits.

Le bonheur, la chance , la richesse et la gloire derrière lesquels nous courons seul Allah(Dieu) l'accorde. Si Dieu dit oui Satan et ses adeptes ne pourront jamais contester.

Ayons peur de Dieu et évitons les péchés qui nous éloignent de Lui. Soyons patient car seul Dieu accorde le vrai bonheur et la varie richesse. Quant-il sera l'heure de notre bonheur personne sur terre ne pourra l'empêcher. Mais ne nous-y trompons pas si nous vivons que pour détruire et semer la terreur il ne nous arrivera que des malheurs car Allah est juste et il nous récompensera en fonction de ce que nous faisons aux autres. Semons le bien et Allah le multipliera. Le Saint Coran soutien bien cette réalité à partir de la sourate 4 AN-NISÂ' (LES FEMMES) précisément au verset 40 lorsqu'il affirme : « Allah ne lèse jamais personne, fût-ce du poids d'un atome. Le bienfait, il le double. Et, de sa part, vient la plus grande des récompenses. »

Soyons juste, honnête et faisons le bien aux autres et Dieu ne nous laissera jamais .

Ayez peur d'une seule chose maintenant "la chose qui vous éloigne de Dieu."

Comprenez que tout est vanité et que tout dépend de Dieu.

Comprenez que nous sommes des messagers d'Allah (Dieu) le Tout-Puissant et nous sommes là pour livrer au monde notre message divin .

Comprenez également que si vous êtes honnêtes avec les gens rien ne vous arrivera sans qu'Allah (Dieu) ne nous tiendra informé en rêve.

Ayons peur de Dieu et évitons le péché qui nous éloigne de lui. Si Dieu est avec vous rien ne pourra vous empêcher de réussir.

Dites chaque matin au réveil "Dieu dirige-moi sur le bon chemin ". (Dites-le avec foi et la volonté d'être honnête dans tous les aspects de votre vie .)

4- TOUT HOMME EST COMPOSÉ D'ÂME, ESPRIT ET CORPS QUELLES QUE SOIENT SESCROYANCES.

Pensez à votre âme comme vous pensez à votre corps.

Le corps restera sous terre mais l'âme restera dans l'Univers pour revenir sur terre pour payer ses dettes. Les dettes sont nos mauvais actes que nous commettons sur terre .C'est pourquoi dans cette vie il faudrait agir avec conscience afin de ne pas demeurer dans le temple du mal. Repentez-vous lorsque vous faites du mal à l'une des créatures Divines en ayant pour volonté et détermination de ne plus répéter ce mal.

Rien n'est gratuit dans l'Univers tout a un prix et tout se paye . Lorsque vous choisissez de faire du mal vous emprunter sans le savoir un crédit à l'Univers et ce crédit vous le rembourserez tôt ou tard .Dans les lois strictes de l'Univers tout se paye quel que soit le temps prévue par la Nature pour le payement .

Que les plaisirs du corps n'affaiblissent pas votre conscience pour détruire votre âme qui est appelée à monter vers l'Un (Dieu ou la Nature).

La vie de L'HOMME ne se limite pas qu'aux plaisirs du corps mais elle va au delà de ce que nos 5 sens ne peuvent percevoir. La vie de l'Homme est plus spirituelle et mystérieuse que matérielle.
Que ce monde ne vous trompe.
Ne soyez pas esclave du corps pour devenir un ignorant qui ne recherche que des plaisirs éphémères.

Nous sommes corps, esprit et âme.

5- LA PAROLE EST UNE ÉNERGIE VIBRATOIRE.

La parole soutenue d'une foi absolue émet des ondes capables de mettre toutes les créatures de l'univers en mouvement pour son accomplissement. Si elle est soutenue d'une foi absolue et des actions elle devient une réalité.
L'Énergie Cosmique reçoit les ondes vibratoires de notre

cœur et de nos actions et matérialise ceux à quoi nous pensons et parlons le plus. Vous deviendrez ce que vous pensez (C'est l'une des GRANDES lois de la nature).

Tout est énergie et vibration. Tout dans l'univers vibre et émet des ondes. Nos pensées sont des vibrations.

Parlez avec foi et la certitude absolue que l'Énergie Créatrice accomplira vos désirs et Elle l'accomplira pour obéir à la Loi de la Création.

Pour que vos vœux imprègnent le mental de l'Énergie Cosmique vous devez croire et travailler sans relâche avec la foi absolue que ce que vous avez demandé à l'Univers est déjà exaucé .Vivez dans votre esprit ce que vous avez demandé.

Demeurez positif quelles que soient les circonstances que la vie vous présentera et ayez toujours la foi que l'Énergie Cosmique accomplira vos vœux. Il sera fait selon les vibrations de votre cœur et de vos actions pour l'obtenir.

Le pouvoir de la pensée humaine est plus puissante que l'énergie du courant électrique. Lorsqu'un Homme pense son cerveau émet des ondes et ces ondes voyagent dans l'univers et peut atteindre le Cerveau ou le Mental de l'Univers. C'est pourquoi vous devez toujours penser positivement quelle que soit la situation .

Vous devez pratiquer la concentration mentale pour attirer vers vous le bonheur, la chance, et les bonnes personnes. Avec la concentration mentale vous pouvez communiquer vos pensées et vos émotions aux autres sans les appeler au téléphone .Vous parviendrez également à communiquer vos désirs à l'Univers.

Pratiquez la concentration mentale au moins 20 minutes chaque matin et chaque nuit pendant 70 jours et votre vie changera miraculeusement.

Concentrez-vous chaque matin et soir sur les choses que vous voulez que la Divine Mère-Nature vous accorde et mettez-vous en action . Par la Puissance Divine tout se réalisera pour obéir à la grande Loi de la Création .

Ayez toujours des bonnes pensées !

Si vous changez vos pensées limitantes de vous-même votre vie changera. La Pensée est la plus mystérieuse chose que la Divine Nature a confié à l'espèce humaine exploitez-la sérieusement pour votre bonheur.

Concentrez-vous intensément sur les choses que vous voulez et générez des émotions positives que l'Esprit Supérieur vous a déjà accordé la chose que vous avez demandée. Vivez dans votre esprit ce que vous avez demandé.

"L'esprit répond au désir le plus dominant et le plus prononcé de son propriétaire "Napoléon Hill, Plus Malin que le Diable.

"La foi est le point de départ de
toute réalisation "Napoléon HILL,
Plus Malin que le Diable.

Que l'Énergie Cosmique vous accorde plus de bonheur et de chances!

6- TOUT EST GOUVERNÉ PAR L'ENERGIE COSMIQUE .

En l'univers coule une énergie appelée l'Énergie Cosmique c'est elle qui nous guide et nous protège. Nous lui devons notre existence. Sans Elle il n'y aura pas d'existence.
Elle peut nous ouvrir toutes les portes de l'existence si nous croyons en Ses pouvoirs et demeurons positif .
Ses pouvoirs sont extraordinaires!
Elle est la Créatrice de nos âmes. Elle seule donne de vie et de connaissances. Cette Énergie Cosmique est appelée Dieu par certains. En fait, il n'est ni objet, ni homme ou femme mais Elle est bien une Énergie qui fait fonctionner l'univers. Aucune de Ses créatures ne peut vivre sans Elle. Elle est en toute chose. Elle est à l'intérieur de chaque créature. Nous sommes relié à Elle grâce à notre âme .Notre âme et notre esprit sont des câbles de connexion au monde Cosmique ou monde parallèle . Ce fil qui nous relie à Elle est appelée "Corde argentée " ou "Cordon d'argent". Chaque créature doit être à Son Service. D'ailleurs nous sommes nés pour un seul but : servir en faisant évoluer l'Humanité. Nous sommes en mission sur cette planète.

Chaque créature qui respire et vivant sur cette planète est en mission. Chacun est né pour accomplir une tâche bien précise. Une tâche qui va apporter un plus à l'évolution de l'humanité. Chaque Homme doit faire évoluer l'humanité grâce aux pouvoirs de son cerveau à travers son imagination et sa créativité. Chaque créature est un instrument que l'Énergie Cosmique utilise pour fonctionner visiblement dans la troisième dimension qui est le monde physique.

La désobéissance aux lois de cette Énergie Cosmique est à l'origine de nos malheurs. Vivez selon Ses règles et vous mourirez en paix et reviendrez en paix et dans le bonheur. Tout peut-être permis selon notre entendement mais tout n'est pas permis par l'Énergie Cosmique.

Ne cherchez pas l'Énergie Cosmique en dehors de vous mais à l'intérieur de vous. Elle est à l'intérieur de vous.

Nous sommes à Elle et nous serions à Elle.

Notre vie fonctionne grâce à Elle.

.Prenez-en conscience, repentez-vous et surtout cherchez à vous relier à Elle .C'est Elle Seule qui peut vous accorder le bonheur que vous voulez.

En élimant vos défauts intérieurs vous ouvrirez sa porte et expérimenterez sa Puissance.

La méthode pour éliminer ses défauts ou égos est de s'observer attentivement afin de les identifier .Une fois les défauts identifiés vous devez passer à l'étape de l'élimination de ces défauts. Pour les éliminer faites comme Benjamin Franklin qui en éliminant ses défauts disait : «Comme il est impossible de chasser dix lièvres à la fois, car le chasseur qui voudrait le faire n'en prendrait aucun, ainsi il m'est également impossible d'en finir tous mes défauts en même temps. » Il en conclut en effet que le mieux serait de chasser un lièvre et le tuer et ensuite passer à un autre lièvre jusqu'à ce que tous les lièvres soient tués.

C'est cette technique que vous devez appliquer si vous voulez en finir avec vos égos qui empêchent votre âme et votre conscience de s'éveiller. Vous ne devez pas chercher à éliminer tous vos égos à la fois et en même temps. Cela ne marchera pas !

Vous devez donc les identifier et accorder deux mois à l'élimination de chaque défaut. Si vous avez identifié comme défaut la colère, la jalousie, l'orgueil, l'égoïsme, la gourmandise, la luxure et la paresse éliminez-les un à un .Par exemple si vous devez éliminer la colère dans le mois de Juillet et Aout dites: « durant ces deux mois je ne me mettrai plus en colère quelle que soit la situation. » Mais cette phrase ne suffira pas pour éliminer les égos car ils sont coriaces et capricieux c'est pourquoi pour les éliminer vous devez vous armer de courage, de persévérance, de volonté et de détermination absolue. Dans chaque situation où vous commencerez à observer une colère à l'intérieure de vous vous devez vous rappeler de votre objectif qui est d'éliminer la colère dans votre vie. Le rappel de soi est l'arme qui vous aidera à éliminer vos égos .Le rappel de soi est l'absence de l'oublie de soi. Ne vous oubliez jamais sur le champ de bataille de la lutte contre vos défauts psychologiques. Dans

chaque situation rappelez-vous de vos objectifs car si vous vous oubliez d'un seul instant l'égo remportera le combat. Alors soyez attentif et observez-vous chaque instant pour éliminer vos défauts !
Si vous appliquez sérieusement cette technique vous éliminerez tous vos défauts et bientôt vous seriez Un avec DIEU .L'Essence Divine brillera en vous et toutes vos facultés psychiques s'éveilleront.

7-LA CONNAISSANCE DE L'UNIVERS.

Je vous demanderai de bien vous observer. Observez votre corps, veuillez bien observer votre corps.
Observez-vous de la tête jusqu'au pied. Si vous vous êtes bien observé je vous demanderai de faire un rapport entre votre corps physique et l'univers. Comment voyez-vous par rapport à l'univers? Êtes-vous différent de l'univers?
Si vous vous êtes bien observé vous verrez que vous êtes l'image directe de l'univers. Vous n'êtes pas différent de l'univers de même que l'univers n'est pas différent de vous.En vous réside la force de l'Univers. Vous représentez l'Univers de manière tangible.
L'Univers réside en chaque partie de votre corps physique.
Votre cœur représente la force du soleil qui illumine votre vie.
Vos membres supérieurs et inférieurs représentent tous les

êtres vivants de l'univers.
Ainsi pour connaître les forces de l'Univers (Dieu) et des hommes il faudrait mieux commencer par soi. Pour connaître les hommes, il faudrait vous connaître en premier. Pour connaître les dieux il faudrait se connaître soi-même car en vous réside les forces de l'Univers .
L'Homme est fait de loi. Cela dit, pour mieux connaître les forces de l'Univers il faudrait connaître les lois qui résident en vous et les respecter. En respectant scrupuleusement les lois de l'Univers qui résident en vous vous deviendrez Un avec l'Univers et plus rien ne pourra vous atteindre car vous seriez protégé et bénit par les forces de l'Univers .
Que chaque partie de vous devienne Un avec l'Univers tout en respectant ses lois et vous seriez à l'abri des vibrations négatives de l'univers.
Le royaume des cieux réside en vous ne le cherchez plus ailleurs qu'en vous.
Le paradis et l'enfer n'existent ailleurs qu'en vous. Le paradis et l'enfer résident dans vos actes que vous posez au cours de votre existence.
Vous avez l'éternité en vous!
Prenez-y conscience et luttez
contre vos égos.Menez des
batailles contre vos égos!
Tuez vos égos pour devenir Un avec l'Univers.
Le premier ennemi de l'Homme ce sont ses égos. Tuez vos égos pour voir la lumière qui brille au fond de votre cœur!

ET L'UNIVERS VOUS OUVRIRA TOUTES LES PORTES.

"Heureux est le lion que l'homme mangera, en sorte que le lion se fasse homme. Mais maudit est l'homme que le lion mangera, en sorte que l'homme devienne un lion !"
Jésus Christ.

« Connais-toi toi-même et tu connaîtras l'Univers et les Dieux. » SOCRATE.

8-COMMENT MATÉRIALISER SES DÉSIRS PAR LE POUVOIR DE L'UNIVERS?

Quelles que soient les interprétations que nous pouvons faire de la vie et de l'Univers vrai est de savoir que l'Homme est un être purement spirituel et vit dans un univers purement mystique. L'univers des hommes c'est-à-dire ce monde-ci est un monde mystique régit par des lois et des principes dont leurs respects et applications ouvrent les portes du bonheur .Cela dit, nous pouvons obtenir ce que nous voulons si nous respectons certaines lois de l'Univers. Mais avant d'aller plus loin, il faudrait savoir que nous sommes des produits de l'Univers (La Nature, Dieu, Allah, Gnamiankpli (peu importe le nom que vous donnez au créateur de votre âme)) que vous le

voulez ou non pas vous vivez grâce au Créateur Puissant de l'univers et de votre âme.
Et ce Dieu veut que vous ayez tous les nécessaires pour mener une vie heureuse car vos désirs sont ses désirs. Vous pouvez obtenir tout de l'Univers en pensant d'une certaine manière.
L'Univers veut que vous ayez ce que vous voulez mais pour devenir ce que vous voulez être vous devez penser d'une certaine.
De prime abord, vous devez savoir et croire que vos pensées et vos désirs sont des vibrations. Ils peuvent se matérialiser si vous pensez d'une certaine manière. Pensez d'une manière c'est d'être capable d'imprimer ses désirs et ses pensées dans le mental de l'Univers à travers les vibrations de vos pensées, de vos désirs soutenus d'une foi absolue et dynamisé par des actions sérieuses .Nos paroles et nos intentions sont des vibrations qui une fois soutenues par notre foi peuvent mettre toutes les choses de l'univers en mouvement pour sa concrétisation et sa matérialisation .
Le secret est donc d'imprimer ses désirs dans le mental de l'Univers. Dès lors comment procéder pour imprimer ses désirs dans le mental de l'Univers?
Avant tout, vous devez savoir que l'Univers a un mental et enregistre tous nos actes qu'ils soient bons ou mauvais et tous nos actes seront récompensés tôt ou tard.
Pour imprimer ses désirs dans le mental de l'Univers il vous faudra d'abord savoir ce que vous voulez, ensuite avoir un désir ardent et inébranlable d'obtenir cette chose, avoir une

bonne intention (que la chose vous permettra de bien vivre et faire évoluer l'Humanité), avoir une foi inébranlable du pouvoir de l'Univers (Dieu), communiquer ses désirs dans le mental de l'Univers en ayant une image claire de ce que vous voulez et la foi que vous l'aurez peut importe le temps et les difficultés que vous rencontrerez sur lechemin et enfin passer à l'action.
Passer à l'action signifie que vous devez travailler pour accomplir et obtenir ce que vous avez demandé à l'Univers.
L'Univers ne vous donnera jamais ce que vous voulez si vous passez tous vos précieux temps à ronfler sur votre lit, à raconter des histoires sur la vie des autres et à passer tous vos temps dans les choses inutiles.
Nous pouvons obtenir tout de l'Univers si nous sommes animé d'un désir ardent, d'une ferme intention et d'une foi catégorique que la chose se réalisera à coup sûr si nous travaillons . Les totems de ce secret c'est le découragement, le doute et l'abandon. Si vous voulez voir l'efficacité de ce secret ne vous découragez jamais en cas d'échec .En cas d'échec animez-vous de courage et de persévérance et croyez fermement que l'Univers est en train de vous préparer avant de vous accorder ce que vous voulez. Vous devez juste être patient dans l'action avec la foi que vos désirs se matérialiseront et que tout est en cours.
Si vous l'appliquez correctement dans votre vie vous auriez tout de l'Univers.
L'important dans ce secret est de ne jamais perdre de vue l'image mentale de ce que vous voulez, la foi que vous l'aurez et surtout les efforts dans le travail.

ET L'UNIVERS VOUS ACCORDERA TOUT CE QUE VOUS VOULEZ.

« Après en avoir formé l' idée, ayez la confiance absolue que la machine (ce que vous désirez) se dirige vers vous; n'y pensez jamais et n'en parlez jamais autrement qu'avec la certitude que vous l'aurez. Affirmez qu'elle vous appartient déjà. » WALLACE D. WATTLES, La science de la richesse en 17 leçons, p.30.

« N'hésitez pas à demander beaucoup.
Votre tâche est de définir votre désir et de le communiquer à la Substance Intelligente. » WALLACE D. WATTLES, La science de la richesse en 17 leçons, p. 32.

« La Substancc créatrice absorbe l'image de vos désirs, dynamisée par votre foi et votreintention, et elle la propage sur de grande distance à travers tout l'univers, pour autant que je sache.
À mesure que cette impression s'étend, toutes les choses se mettent en mouvement pour la concrétiser; chaque créature vivante, chaque objet inanimé existant et même ceux qui n'existe pas encore, s'activent pour produire l'objet de votre désir. Toutes les énergies de l'univers s'engagent dans cette direction; toutes les choses commencent à voyager vers vous.Partout dans le monde des hommes sont incités à faire le nécessairepour exaucer vos vœux et, inconsciemment, ils travaillent pour vous. » WALLACE D. WATTLES, La Science de la

Richesse en 17 leçons, p. 44.

« Cependant, il ne vous suffit pas de visualiser clairement le but désiré, car si c'est tout ce que vous faites, vous ne resterez qu'un rêveur et vous n'aurez que peu ou pas de pouvoir du tout pour la réaliser.
Votre vision doit être étayée par l'intention de la réaliser, de la manifester de manière tangible. » WALLACE D. WATTLES, La Science de la Richesse en 17 leçons, p.39.

Pour plus en savoir sur ce précieux secret je vous recommande fortement la lecture des livres suivants:
- La Science de la Richesse de Wallace D. WATTLES.
- Réflechissez et Devenez Riche de Napoléon Hill
- Plus malin que le Diable de Napoléon Hill
- La règle d'Or (Les lois du succès en 16 leçons) de Napoléon Hill.

8- ESSAI SUR SUR LA PROFONDE VOLONTÉ DE LA NATURE .

Après plusieurs études et observations à l'Université de la vie j'ai enfin finit par comprendre et déceler l'une des plus pressante volonté de la nature. Mais avant tout il serait d'une importance capitale de comprendre le sens du mot

Nature dans mon vocabulaire personnel. En effet, dans un sens plus profond et originel la Nature est pourmoi le principe fondamental, source de toutes existences. La Nature n'est rien d'autre qu'une Énergie indépendante, incréée qui fait vivre toutes choses. Elle est en faite, l'Être Suprême qui fait exister toute chose à partir d'une Unité.

Bref, l'objectif fondamental doit-il serait question dans cet article est de dévoiler la profonde volonté de la Nature dans l'accomplissement de l'Homme.

Plusieurs études, expériences personnelles et recherches menées sur la volonté de la Nature m'ont permis de saisir profondément que la Nature est prête à nous accorder ce que nous lui demandons avec notre cœur et notre esprit(ou nos idées dominantes).La Nature est en effet notre Mère créatrice et Elle souhaite vivement que chacun arrive à réaliser ses buts et ses rêves qu'il s'est lui-même fixé. Ainsi celui qui demandera à la Nature avec foi (ou cœur) , son esprit et se met en action recevra inévitablement ce qu'il souhaite à condition que celui-ci résiste aux différentes formations qu'offre la Nature en chemin de l'obtention de la chose désirée. La Nature Elle-même est pressée à vous offrir ce que vous lui demandez avec insistance tout en gardant la foi que vous l'aurez quel que soit le temps. Mais la Nature étant juste donne à celui qui en paye le prix. Qui est donc celui qui en paye le prix? Celui qui en paye le prix est celui qui résiste et forme son esprit grâce aux différentes formations que lui soumettra la Nature en chemin. Autrement dit, celui qui obtiendra ce qu'il désir est celui qui n'abandonnera pas face aux multiples échecs et difficultés qu'il rencontrera sur son chemin. Précisons que dans les strictes lois de la Nature seuls les plus forts et courageux méritent le bonheur et la gloire .La Nature ne donne rien à celui qui ne fait rien. La Nature ne veut rien accorder de bon et de bien à l'Homme sans formation. Pour donner, Elle vous fera passer des tests durant des années selon sa volonté afin de vous préparer à la chose que vous souhaitez. L'échec et les autres difficultés de la vie sont les notions clés que la Nature (la Vie) utilise pour aiguiser et préparer votre être esprit et votre âme à la chose que vous désirez. Cela dit, désormais ne voyez plus en l'échec une chose négative mais une chose positive voire une vertu qui serait la condition de l'acquisition de vos profonds désirs. L'échec et les autres difficultés de la vie font partis du processus de l'acquisition de vos désirs. Cela dit, ne vous découragez plus, persévérez et la Nature dans toute sa bonté Vous dira un jour « Mon fils ou ma fille tu mérites bien ce que tu désirs car tu as gravi tous les échelons et les tests que demandaient tes objectifs. Enfin, mon fils (ou ma fille) à partir d'aujourd'hui je t'accorde tout le bonheur possible car tu as réussi tes tests avec brio . »

Comprenons-nous bien que le bonheur réside au crépuscule des échecs et des difficultés. Persévérez en ne perdant surtout pas les rêves qui animent votre cœur et votre esprit. Suivez vos désirs c'est-à-dire vos objectifs ou ce que vous voulez être sans relâcher à cause des difficultés. Les difficultés disparaîtront à cause de votre féroce désir d'atteindre vos objectifs. Passionnez-vous de ce que voulez. Mettez-vous déjà dans la peau de ce type d'Homme que vous voulez être.Et la Nature mettra tout sur votre chemin pour l'obtention de vos désirs.

La Divine-Nature cherche à se manifester à travers vous.

Si vous désirez être un enseignant Elle mettra sur votre chemin un maître qui vousenseignera la pédagogie.

Si vous voulez être un PDG Elle mettra sur votre chemin des PDG pour vous former.

Si vous voulez être un inventeur Elle mettra tout à vos dispositions pour l'atteinte de vos objectifs. Dans quel que domaine que ce soit la Nature mettra des gens sur votre chemin pour vous aider à atteindre vos désirs.

Ainsi, pour réussir il faudra avoir un objectif précis que vous communiquerez à la Nature, un désir féroce de vouloir la chose, la foi inébranlable que la se réalisera dans le gymnase de votre discipline dans le travaille.

La Nature veut s'exprimer à
travers vous,
Elle veut vivre à travers vous,
Elle veut écrire à travers
vous, Elle veut s'habiller
à travers vous,
Elle veut parler à travers
vous, Elle veut tout faire

à travers vous ,
Elle est prête à vous accorder tous vos désirs car vos désirs sont ses désirs.
Sur le chemin ne vous souciez de rien,
Ne vous souciez pas de savoir si ça serait possible ou non car dans la logique de la Nature tout est possible à celui qui croit et est déterminé à atteindre son objectif.

La question essentielle maintenant est de savoir :
-Qu'est-ce vous voulez?
-Que voulez-vous que la Nature devienne à travers vous? Un PDG, un Éducateur, un ingénieur, un enseignement, un écrivain, un scientifique, un journaliste, un philosophe, un mécanicien, un inventeur, un médecin, un grand cultivateur, un psychologue, etc .
Que voulez-vous?
Que voulez-vous que la Nature devienne à travers vous?
Désirez-vous profondément ce que vous poursuivez?
Parce que la Nature se nourrit de votre foi, de votre esprit, de vos désirs pour lesconvertir en leurs équivalents matériels.
Il est tellement primordial de comprendre et de croire fermement que dans la logique divine(ou de la Nature) aucun Homme n'est né sur cette planète pour échouer sa vie à condition que celui-ci cesse de désirer et cède enfin ses potentiels innés à la paresse et au découragement total (pour se dire lui-même qu'il ne sera rien dans ce monde).
Sur cette planète vous pouvez devenir qui vous voulez être !La

Divine Nature vous accordera toutes les POSSIBILITES VISIBLES ET INVISIBLES POUR REALISER VOS DESIRS.

《Toutes les choses sont issues d'une substance intelligente qui, dans son état originel, imprègne, pénètre et remplit tout l'univers.
Une pensée, présente dans cette subsistance, produit l'objet correspondant.Concevez des choses dans votre esprit, et, en imprimant vos pensées dans la substance créatrice vous causerez la création des objets correspondants.》 wallace D. WATTLES, LA SCIENCE DE LA RICHESSE EN 17 LEÇONS, p.27.

《L'Unique Substance cherche à vivre, à accomplir, à être heureuse dans et à travers l'humanité. Elle dit: "J'ai besoin de mains pour bâtir de magnifiques édifices, pour jouer des harmonies divines, pour peindre de sublimes tableaux ; j'ai besoin de pieds pourporter mes messages, de yeux pour contempler la beauté, de langue pour dire de puissantes vérités et chanter des chansons merveilleuses" et ainsi de suite.(...) Toutes les possibilités existantes demandent à s'exprimer à travers des humains.》 Wallace D. WATTLES, LA SCIENCE DE LA RICHESSE EN 17 LEÇONS, p.31.

《La puissance créative qui réside en chacun de nous, nous forme à l'image de ce à quoi nous accordons notre attention.》 Wallace D. WATTLES, SCIENCE DE LA RICHESSEEN 17 LEÇONS,

p.35.

《L'échec n'a pas le pouvoir de vous anéantir, AUCUN!!! Sortez de la caverne et voyez enfin la réalité. Ne pensez pas comme des caverneux mais comme des hommes et des femmes évolués. Pendant que les autres voient en l'échec une bonne raison d'abandonner, réjouissez-vous au contraire (enfin je veux dire calmez-vous) parce que si vous persévérez, vous atteindrez inévitablement votre objectif...》 Léonce R. BAYEBANE, NE QUITTEZ PAS CE MONDE SANS LUI AVOIR OFFERT LE POTENTIEL QUI GIT EN VOUS!!, Éditions Vie, p.29.

Rien de grand ne s'est réalisé sans un profond désir. Hegel.

《Sachez donc que votre situation n'est pas des plus désastreuses. Tant que vouscroyez à votre potentiel, tant que votre désir de réussite est grand et suivi d'une INEXPUGNABLE motivation, sachez que vous n'aurez qu'une seule option: RÉUSSIR! Un jour vous irez sur un plateau TV expliquer votre réussite.(...).》
LÉONCE R. BAYEBANE, Ne quittez pas ce monde sans lui avoir offert le potentiel qui giten vous!! p21.

CHAPITRE III : LES FORCES POUR RÉALISER SES RÊVES.

1- FAIS DE TOI UN HOMME IMPORTANT.

Quel que soit votre âge,
Quelle que soit votre situation de vie actuelle faites de vous un homme IMPORTANT.

Un homme IMPORTANT c'est un homme qui sait ce qu'il veut.
C'est un homme qui ne court pas derrière ce qui n'est pas utile à ses priorités.
Un homme IMPORTANT c'est un homme qui ne passe pas

toute sa journée en face d'une télévision .
Un homme IMPORTANT c'est celui qui ne passe pas sa journée sur les réseaux sociaux à moins qu'il ne travaille .
Un homme IMPORTANT c'est celui qui passe ses journées sur ce qui compte pour son avenir.
Un homme IMPORTANT c'est celui qui pense à sa situation de vie et celle de sa famille.
Prenez conscience en gaspillant désormais votre énergie et assurez-vous que votre énergie est gaspillée dans ce qui changera votre situation de vie.
Vous ne verrez jamais un homme IMPORTANT passer son temps sur ce qui n'est pas IMPORTANT.
Un homme IMPORTANT ne passe pas son temps à faire des commentaires négatifs sur la vie des autres ou raconter ce qui n'est pas à raconter sur la vie des autres.
Devenez donc IMPORTANT aujourd'hui!!!
Un homme important est toujours occupé à faire des choses utiles.Ayez des priorités dans votre vie!

2- POURQUOI VOUS DEVEZ RÉALISER VOS RÊVES?

Tout de ce monde n'est que la réalisation des rêves des personnes. Même Facebook que nous utilisons aujourd'hui a été le rêve de son fondateur. Rien de grand n'existe dans ce monde sans qu'il n'a été un rêve de son initiateur. Vos parents ont d'abord rêvé de vous avoir .Dieu a d'abord rêvé de créer toutes ces créatures que vous voyez sur terre. Toute création ou réalisation a commencé par un rêve. Le fondateur de WhatsApp, Google, etc ont tous d'abord rêvé de créer les sites que nous avons aujourd'hui et qui sont indispensables à notre existence. Ils ont d'abord rêvé.

À vous qui me lisez, quel est
votre rêve?
Que voulez-vous réaliser?
Quel rêve héberge votre cœur?
Quelle flamme brûle dans
votre cœur?
Quel objectif poursuivez
vous?

Vous n'avez aucun objectif? Alors trouvez-vous un objectif dès maintenant!

Demandez-vous ce que vous voulez-être ? Demandez-vous ce que vous voulez accomplir avant votre mort. Demandez-vous ce que vous pouvez fait pour votre communauté avant votre mort? Demandez-vous ce que vous-voulez laisser comme héritage à votre famille avant que la "caravane de la mort ne frappe à votre porte?" Que voulez-vous laisser pour vos enfants et l'humanité ?

Pensez à ce que vous voulez laisser !! Pensez-y champion!!

Que retiendra le monde après votre bref passage sur terre?

Permettez-moi de vous tutoyer ici.
Champion, que par la réalisation de ton rêve les jeunes collent tes photos sur leurs murs. Que ta vie devienne une source d'inspiration pour les générations à venirs!
Que veux-tu donc laisser pour que ta vie devienne une source d'inspiration ?
Que veux-tu laisser pour que pendant des siècles les générations futures n'en citent que ton nom?
Cherche donc ce que tu veux laisser et concentre ton énergie à sa réalisation. Associe- toi aux hommes de visions et travailleurs.
Commence donc à fuir ceux qui t'entraînent dans la futilité et concentre-toi pour réaliser ce que tu veux.
Tu as un seul moment pour réaliser tes rêves c'est maintenant .C'est le temps où tu as la force. C'est le moment où tu es en bonne santé. Alors champion c'est le moment!!N'attends plus demain. Commence aujourd'hui !!!

REGARDEZ MAINTENANT COMMENT LA RÉALISATION DE VOS RÊVES IMPACTERA LAVIE DES AUTRES!!

Regardez aujourd'hui comment Facebook vous aide à retrouver vos amis et despersonnes d'affaires?
Regardez aujourd'hui comment par Google vous arrivez à amasser des connaissances et de l'argent.Regardez de près comment tous ces médicaments vous sauvent la vie?
Mais tout ce dont nous venons de citer ne sont que la réalisation

des rêves des autres.

Vous quel est votre rêve ?
Cherchez donc à laisser vos nobles traces sur le sable des temps par la réalisation de vos rêves.
Refusez d'être un consommateur éternel et devenez un producteur.
Il est temps que vous sortiez de l'état d'avidité pour devenir un producteur car c'est ainsi que votre vie aura un sens.

Devenez un producteur!
Devenez celui qui donnera à manger aux démunies.
Devenez celui qui inspirera la vie des autres par ses livres
.Devenez celui partagera ses savoirs aux jeunes.
Devenez cet éducateur qui éduquera ces jeunes.
Permettez-moi de vous tutoyer de nouveau.
Champion refuse d'être un consommateur !
Refuse d'être celui qui attend toujours qu'on lui donne sans rien donner. C'est en étant producteur que ta vie aura un sens.
Lorsque tu te concentreras pour réaliser tes rêves, partout on n'en parlera que de toi. Tu deviendras le digne fils ta communauté .

Tu deviendras cette personne que tout le monde cherchera comme ami. Tu deviendras l'idole des jeunes.
Tu deviendras l'icône de ta génération.
Partout on n'en parlera que de ta maman et de ton père. Les gens diront" C'est le fils de" Deviens donc cet enfant.
Les gens seront fiers de ta famille et de toi.
Toutes les anges de la nature t'acclameront le jour de ta mort.

Champion, concentre-toi sur
tes rêves !Fais un pas
chaque jour!
Lutte
maintenant !
Concentre-toi
maintenant !
Courage, tu y
arriveras!

3- POURQUOI VOUS DEVEZ CHANGER LA SITUATION ACTUELLE DE VIE DE VOTREFAMILLE?

Des études personnelles menées sur les familles m'ont permis de prendre conscience de la lutte de la reconnaissance de ma famille. En effet, mes études m'ont permis de comprendre que de nombreuses personnes dans le monde, issues de famille modeste ont travaillé dur pour réaliser leurs rêves juste pour l'intégration et la reconnaissance de leur famille dans la société. Ces gens ont juste compris qu'il faudrait travailler pour mettre la lumière sur sa famille. Avez-vous une fois vue ces genres de famille pauvre qui ne sont pas considérées, j'espère? Que deviennent-elles ces familles lorsque l'un des membres devient riche? Elle devient respectée, vénérée et considérée. Les gens avant vous ont lutté pour la reconnaissance de leur pauvre famille qui n'était pas considérée par les autres. Ils ont juste pris conscience, travaillé et sans se décourager pour donner nom à leur famille. Ne nous-y trompons pas, dans cette société de consommation où ce qui est vue est le matériel, chaque famille est évaluée, respectée, considérée et digne de respect si et seulement si elle est riche financièrement .Quels que soient vos diplômes ou sagesses si vous n'avez rien dans les poches vous ne seriez pas considéré et écouté. Car aujourd'hui, on n'écoute que ceux qui peuvent se défendre financièrement et faire face aux exigences des autres. Cela dit, si vous êtes intelligent ou sage vous devez chercher à vous enrichir .Le monde de maintenant n'est plus dans les spéculations mais dans la pratique. Le pauvre embrouille tout le monde lorsqu'il parle car quoi qu'il en dira il sera loin de la pratique. Votre famille et l'humanité à donc besoin que soyez pratique pour faire face à leurs exigences.

Permettez-moi de vous tutoyer ici.

Es-tu prêt à travailler avec courage comme les autres pour la reconnaissance de ta famille ?As-tu une fois pris conscience de la situation de vie de ta famille ? Sais-tu que ta famille ne sera pas considérée si tu ne travailles pas pour réaliser tes nobles objectifs?

Penses-tu à ta famille ? Penses-tu à la fierté de ta famille? Sais-tu que tu peux mettre la lumière sur ta famille juste en travaillant dignement pour t'enrichir?

Tu peux si tu es vraiment déterminé et concentré sur les tâches qui te conduiront vers la réalisations de tes objectifs. Maintenant pense aux conditions dans lesquelles vivent tes parents ou ta famille et travaille pour changer ces conditions. Tu peux, parce que plusieurs personnes avant toi issues de famille modeste comme toi ont lutté avec courage et persévérance et ont réussi à changer la situation de vie de leur famille. À ton tour, vas-tu laisser ta famille dans la pauvreté ?

Vas-tu travailler pour l'intégration et la reconnaissance de ta famille ?

Vas-tu donner un sens de vie à ta famille ?

Vas-tu faire respecter ta famille juste par ce que tu seras? Vas-tu être la fierté de ta famille et de ta communauté ?

Vas-tu te concentrer et travailler pour atteindre tes objectifs ou toujours trouver des alibis de ta situation actuelle?

Vas-tu couler de sueur pour ta famille?

Vas-tu faire des nuits blanches pour la réalisation de tes rêves ?

Tu apprécies déjà ces familles riches j'espère, mais, ne sais-tu pas qu'ils ont frayé et essuyé des terribles difficultés pour la

liberté de leur famille ?
Alors toi aussi tu peux lutter pour ta famille et tu peux même commencer dès le début de ta journée de demain .Commence à exploiter ton énergie et ton temps dans ce quipeut te rendre libre toi et ta famille demain. Ne gaspille plus ton précieux temps dans des conversations stériles !
Trouve-toi un conseillé de vie.
Lire des articles qui peuvent t'aider.
Commence maintenant car demain sera trop tard. Demain sera la récolte de ce que vous semez aujourd'hui.
Si vous semez la paresse, vous récolterez les fruits de la paresse qui ne sont riend'autres que la faim, la pitié et la pauvreté.
Alors, sais-tu que c'est le temps des semences? Que vas-tu semer à partir de ce mois? Que vas-tu semer? La paresse? Les causeries inutiles? Les débats inutiles qui ne t'apporteraient rien de concret ? Que vas-tu semer pour ton bonheur et celui de ta famille ?
Décide à partir d'aujourd'hui et applique-toi sans trop de distraction.Prends au sérieux ce que tu fais et applique-toi bien.

Surtout pense aux conditions de vie de ta mère qui t'a porté pendant 9 mois et qui lors de l'accouchement pouvait perdre sa vie à cause de toi. Vas-tu laisser cette dame dans la pauvreté à cause de ta paresse ? Vas-tu la laisser dans la pauvreté parce que tu es découragé à cause de tes situations de vie actuelle ?

Aspire à la richesse pour honorer cette dame avant sa mort! Ou pense à tes enfants!
Courage, persévérance, amour tu y arriveras!

La bible dit : Aide-toi et le ciel t'aidera.

Jeff" L'Univers récompense ceux qui font des efforts"

Léonce Rodrigue Bayebane, : « Peu importe ton choix , viendra dans le futur, le temps de récolter le fruit de l'emploi de ton énergie. Soit tu récolteras l'admiration , le respect, le bonheur, l'envie et la fierté pour avoir consacrer l'énergie de ta jeunesse à l'édification de ton caractère et à la poursuite de tes rêves . Soit tu récolteras le regret, la médiocrité, la jalousie de la réussite des autres ...pour avoir dilapidé l'énergie précieuse de ta jeunesse dans des activités triviales. Adieu tes rêves ! Tu partiras avec eux dans la tombe.
Je te propose donc d'investir dans ta jeunesse pendant qu'il en est temps ; d'aspirer à être un homme, un vrai et de laisser tes nobles et inspirantes traces sur le sable des temps pour les futures générations. (...). Exploite ta jeunesse avec patience. Tu n'en as qu'une, et tu réussiras ! »

4- VOUS ÊTES PLUS OUTILLÉ QUE LES OBSTACLES.

Que l'obstacle devant toi soit comme un adversaire, ne le regarde pas comme un maître,ne le fuit pas non plus! Ne le berce pas avec ton inquiétude, ne le caresse pas avec ta peur. Donne à l'obstacle les coups de ton courage, les gifles de ta persévérance, avance malgré tout, c'est toi le maître, soumets l'obstacle. Dans le cas contraire si vous vous laissez dominer pas les obstacles de votre vie vous resterez sous leurs férules jusqu'à vos derniers jours. Sachez que Dieu en vous créant a mis toutes les armes de lutte à votre disposition. Ne jouez pas avec vos ennemis qui sont: la procrastination, le découragement, les échecs, les souffrances, la galère, etc. Cherchez toujours à les dominer par un ferme désir de vouloir les surpasser .Vous serez sans avenir, pauvre, et vous parlerez toujours avec si je savais dans la bouche si vous vous laissez térracer pas vos difficultés présentes. Pour éviter les "si je savais" plus tard, il est mieux que vous prenez courage maintenant dans la patience et dans l'action de poursuivre et vouloir réaliser vos objectifs. Si je savais n'as pas de queue. Ne le dit-on pas ?

Vous êtes jeune, vous êtes frais c'est le moment de lutter. C'est le moment de planter cet arbre de repos dont parlait Friedrich Nietzsche dans son ouvrage intitulé Ainsi parlait Zarathoustra. C'est le moment de fixer le but de votre vie. Nietzsche ne nous disait-il pas cela dans AINSI PARLAIT ZARATHOUSTRA lorsqu'il stipulait qu'il: « est temps que l'homme se fixe lui-même son but. Il est temps que l'homme plante le germe de sa plus haute espérance. Maintenant son sol est assez riche. Mais ce sol un jour sera pauvre et stérile et aucun grand arbre ne pourra plus y croître. » Cela dit, il est temps que vous vous levez pour travailler dur pour votre avenir.

L'arbre de repos de la vieillesse se plante aujourd'hui et non pas demain. Qui aime la facilité aujourd'hui sera contraint de travailler demain pour survivre .

Refusez de dormir aujourd'hui pour bien dormir demain.

Refusez l'amusement d'aujourd'hui pour bien vous amuser demain. Celui qui dormira aujourd'hui n'aura pas le temps de bien dormir demain.

Soyez fort!

Levez-vous!

Commencez à travailler nuit et jour jusqu'à la réalisation de vos buts. Soyez comme le Castor. Un animal qui ne cesse de travailler jour et nuit si ses objectifs ne sont encore atteints. Le Castor est en fait le roi de la construction, un véritable ingénieur. Il construit ses ponts pour son bonheur et pour le bonheur de sa communauté.

Devenez donc l'ingénieur de votre ! Le bâtisseur infatigable !

Ne bercez jamais les bras face aux difficultés.

La vie est une arène de combat dont seuls les plus forts et courageux rapporteront les victoires.

Dans les règles strictes de la Nature il n'y a pas de bonheur pour les paresseux et ceux qui ne veulent pas travailler.

Tous les hommes influants de ce monde ont vécu des moments difficiles donc soyez fort.

N'abandonnez jamais le combat de votre bonheur tant que nous n'êtes pas à ses portes. Si vous abandonnez le combat vous serez déçu à jamais.

Ayez l'esprit du lion. Le lion n'abandonne jamais le combat s'il n'a pas réalisé ses objectifs de victoire .Soyez comme ce lion qui n'abandonne pas le combat quels que soient ses adversaires et des difficultés .C'est en cultivant cet esprit de champion dans votre subconscient que vous allez réussir et atteindre votre bonheur.

5- DISCOURS DE MARTIN LUTHER KING : Être le meilleur.

Chacun de nous porte en lui, caché au plus profond de lui-même, des forces créatrices,et nous avons le devoir de les découvrir et de les utiliser.

Lorsque quelqu'un a découvert pourquoi il a été créé, il doit mettre tout en œuvre pour réaliser au maximum le plan du Créateur, suivant ses propres possibilités. Il doit essayer de réaliser quelque chose de façon telle que personne ne soit capable de le faire mieux que lui. Il doit le faire comme s'il s'agissait d'une mission spéciale que lui aurait confiée le Créateur, à lui personnellement, et à ce moment précis de l'histoire du monde. Personne n'est capable de réaliser quelque chose d'exceptionnel s'il n'a pas le sentiment d'avoir été appelé spécialement pour cela, en un mot, s'il n'a pas la vocation.

Si votre mission est d'être balayeur de rue, vous devez balayer les rues dans le même esprit que Michel-Ange lorsqu'il peignait ses toiles, que Beethoven lorsqu'il composait ses symphonies, que Shakespeare lorsqu'il écrivait ses drames. Vous devez balayer les rues d'une façon tellement parfaite que chaque passant puisse dire : « Ici, c'est un grand balayeur qui a travaillé ; il a bien accompli sa tâche ! »

Si tu ne peux être un arbre sur la colline, sois un buisson dans la vallée ; mais sois le meilleur buisson à des lieues à la ronde. Si tu ne peux être le soleil, sois une étoile. Lavaleur ne se mesure pas aux dimensions. Sois ce que tu es, mais sois-le consciemment."

6- LES RÉSEAUX SOCIAUX ET VOS RÊVES.

Quel est le but des réseaux sociaux?

Quel est le but de l'internet?

Quel but poursuivez-vous?

Où en êtes-vous arrivé aujourd'hui?

Que faites-vous en ce moment pour atteindre ce que vous voulez?

Quelle trace voulez-vous laisser sur le sable des temps afin que les générations futures s'en souviennent de vous?

Quel type de personne voulez-vous être d'ici 5 ans ou 10 ans?

Voulez-vous être un quémandeur? Ou voulez-vous être une personne digne de respect?

C'est le moment de construire ce que vous désirez être .Ce que vous voulez être se construire aujourd'hui et non pas demain. Alors commencez dès maintenant pendant que vous êtes encore jeune car votre futur sera la récolte. Commencez donc à semer aujourd'hui pour récolter et bien manger demain. Commencez à travailler dès maintenant ! Commencez à planter l'arbre de votre vieillesse dès maintenant pour espérer un bon repos à son ombre demain . Ne gaspillez plus vos précieux temps sur les réseaux sociaux s'ils ne vous aident pas à atteindre vos objectifs.

Les réseaux sociaux doivent servir à réussir grandement votre vie et non pas autre chose. N'en faites pas d'eux le paradis de la distraction absolue !Ils peuvent vous aider à réussir grandement votre vie terrestre . A vous de les exploiter selon vos objectifs de vie .

Dans le cas contraire s'ils sont pour vous une source de distraction alors déconnectez-vous ou utilisez-les de façon mesurée en accordant plus d'attention aux tâches qui vous permettrons de réaliser vos rêves

Ayez des priorités !!

Que ton désir de réaliser tes objectifs soit ardent !

"Soyons fort et patient car tout ira bien! Souvenons-nous que quelle que soit la durée de la sècheresse la saison pluvieuse finit pas se présenter. Continuons la marche et surtout mettons nous au travail car nous sommes l'espoir d'une famille. Construisons notre avenir aujourd'hui !"
KOUASSI KOUAKOU BIENVENU .

7-AVEC COURAGE ET DÉTERMINATION VOUS-Y ARRIVEREZ!

Je sais que c'est dur pour vous.
Je sais comment les mains de la galère font si mal mais prenez du courage.
Continuez le chemin que vous avez pris jusqu'au bout.
Imaginez combien de fois vous seriez des hommes importants dans votre communautési vous réalisez vos rêves.
Imaginez comment les gens seront impactés par votre réussite.
Imaginez comment votre famille sera heureuse si vous réalisez vos rêves. Imaginez comment vous seriez et

travaillez pour le devenir .Si vous abandonnez le combat parce que c'est difficile vous auriez une vie difficile demain. C'est le moment de lutter pour réaliser ce que vous voulez réaliser. C'est le moment de suer les coups de la galère pour être heureux demain. Rien ne se gagne gratuitement dans cette vie. Pour gagner, il faut payer le prix. C'est le moment de payer le prix.

C'est le moment de savoir ce que vous voulez être.

C'est le moment de définir vos objectifs de vie et de travaillez avec persévérance, discipline et détermination pour les accomplir.

C'est le moment de voir le prix de vos rêves et travaillez pour les payer.

Mais sachez surtout que seul Dieu peut vous aider à réaliser vos rêves (par le biais bien sûr des hommes) alors priez-le et confiez-vous à lui. Il a la solution à tous vos soucis.

Croyez-le! Ayez la foi absolue que Dieu est avec vous !Ne vous demandez pas si vous allez réussir, travaillez sérieusement et votre Père-Divin vous ouvrira les portes au moment opportun. Mettez-le au centre de TOUT.

Dans vos marches vers l'accomplissement de vos rêves, évitez strictement de maltraiter vos semblables et mentir .Évitez également de maltraiter les animaux et la nature .

Evitez le mal!

Eloignez-vous de toute tentation de méchanceté!Soyez honnête dans tout ce que vous faites!

Soyez honnête envers vous-même et surtout envers les autres.Faites surtout des dons avec bon cœur aux   démunies.
Sachez que grâce à vos rêves plusieurs vies seront sauvées alors pensez à cespersonnes, à votre famille, à vos enfants et travaillez!
Pensez à tout le bonheur, le respect, la dignité, la paix dans l'âme et la richesse que vous auriez lorsque vous réaliserez vos rêves.
Je sais que C'est dur mais continuez le combat jusqu'à la fin car VOUS ÊTES NÉS POUR RÉUSSIR.

8- HOMMAGE SPÉCIAL À CELLE QUI A MIS SA VIE EN JEU POUR VOTRE VIE.

Qui que vous
soyez,
Où que vous
vivez,
Quoi que vous traversez,
Je vous sollicite vivement de tourner vos pensées vers celle qui s'est sacrifiée pour vous,
Celle qui pouvait perdre sa vie à
cause de vous,
Celle sur qui vous avez cagué,

Celle qui vous a nourrit de ses seins,
Celle qui vous a soigné quand vous
étiez malade,
Oui elle mérite bien de vous un
hommage

Un hommage pas comme les autres mais un hommage spécial. Aujourd'hui je vous sollicite de dire à votre maman "Maman je t'aime". Si vous n'êtes pas ensemble avec elle, appelez-la rapidement au téléphone et dites-lui "Maman je t'aime ".Après cette étape, retirez-vous dans un coin silencieux ou de préférence la nuit pendant que le monde rêve dans un sommeil profond levez-vous de votre lit magnifique pour rendre hommage à cette belle créature qui s'est sacrifiée pour vous. Avant de commencer l'hommage prenez une feuille de copie et un stylo et fermez silencieusement les yeux. Ensuite, imaginez tout ce que vous voulez faire pour votre Jolie maman avant qu'elle ne quitte la terre. Imaginez quel type de vie vous voulez pour votre maman. Quelle condition de vie voulez-vous pour elle avant sa mort et écrivez tout sur la feuille, mentionnez également la date et l'heure.

Après cela doit commencer l'hommage.

Imaginez la situation de vie actuelle de votre maman et imaginez la condition danslaquelle vous voulez qu'elle soit par votre précieuse vie. Et prenez-en conscience de votre vie actuelle !Comment vous prenez votre vie actuelle? À savoir est-ce que vous prenez votre vie au sérieuse? Est-ce que vous êtes déterminé? Est-ce vous avez un objectif précis et déterminé à atteindre?

Et dites : chère maman!

Je vois ta situation actuelle,

Je vois malgré ton âge l'effort que tu

fais à mon nom,

Je vois tes sacrifices,

Chère maman, je te promets en ce jour que je ferai de ma vie ta victoire sur cetteterre. Je te rendrai heureuse parmi toutes les mamans du monde.

Je ferai chanter ton nom sur la terre jusqu'à la fin des temps afin que chaque génération te rendre un hommage en disant "C'est la maman de tel type (selon ce que vous deviendrez ou vos œuvres).

Maman je travaillerai jour et nuit pour atteindre mes objectifs afin qu'on ne me cite par ton nom en disant "C'est le fils de ou c'est la fille de".

Maman je prends conscience aujourd'hui pour ta victoire de ne plus pactiser avec lamédiocrité.

Maman je te promets que la majeure partie de mon temps sera consacrée à la lutte de ta liberté et de ta victoire. Je ne passerai plus mon temps à participer aux conversations qui ne sont que de pures frivoles sur les réseaux sociaux.

Mon temps sera désormais consacré à comment te rendre heureuse.

Maman pour tes sacrifices pour moi je les ferai aussi en surmontant mes difficultéscomme tu les as sûre surmontées lorsque j'étais encore dans ton vendre.

Je n'abandonnerai pas à cause des difficultés si ce rêve que je poursuis me tient vraiment à cœur. Parce que maman tu ne m'as pas abandonné à cause des difficultés que tu traversais.
Je t'aime maman!
Je veux te voir être la plus heureuse de la terre!

Après cet hommage demande à Dieu de t'aider à accomplir ta mission sur cette terre,
Demande-lui de t'ouvrir toutes les portes de ta réussite.
Et demande-lui également de t'aider à changer la condition de vie de tes parents.
De la pauvreté qu'ils quittent la terre riche et fiers de t'avoir comme fils ou fille.Où qu'ils sont, qu'ils dansent grâce à ta brillante réussite.
Refuse donc d'être la honte de tes parents!
Refuse de pactiser avec les gens médiocres abordant à chaque instant des sujetsinutiles . Des sujets qui ne te poussent pas vers les cimes de tes objectifs.
Cesse d'être un comédien de ta propre vie et devient un modèle qui donnera l'envie aux autres de réussir.
Cesse de gaspiller ton temps dans les choses de peu de valeurs.Fais de ta vie de chaque jour ta réussite!
Chaque journée est une réussite ou un échec prend s'y conscience et fais de ta vie de chaque jour une réussite en te consacrant à ce qui pourrait changer ta vie et celle de tes parents.

Deviens l'étoile précieuse de ta famille .

Faites de votre vie une source de lumière pour vos parents afin que leurs noms soient gravés dans l'histoire des hommes. Prends conscience de ceci; chaque jour est une réussite ou un échec. Un échec si vous passez votre temps à faire des choses stériles qui ne sont que de pures distractions. Une réussite si vous consacrez votre temps à faire des choses qui pourront vous rendre heureuses demain .

Que cet hommage puisse vous transformer et fait de votre maman un jour et chaque jour une maman heureuse .

《Agissez MAINTENANT .Il n'y a pas et il n'y aura jamais d'autre temps que le présent.S'il y a un moment propice pour vous préparer à recevoir ce que vous désirez, c'est MAINTENANT. 》 Wallace D. Wattles, LA SCIENCE DE LA RICHESSE,P55 .

《Ne vous préoccupez pas de savoir si le travail de la veille a été bien ou mal fait ; faites bien celui d'aujourd'hui.》 Wallace D. Wattles, LA SCIENCE DE LA RICHESSE EN 17LEÇONS, p.56

《Visualisez-vous constamment dans le contexte qui vous convient, avec l'intention d'y arriver et la foi que vous-y arriverez, que vous êtes en train d'y arriver ; mais AGISSEZ làoù vous êtes actuellement.》 WALLAS D. WATTLES, LA SCIENCE DE LA RICHESSE EN 17 LEÇONS, p.57.

《Chaque jour est une réussite ou un échec ; et les jours réussis sont ceux ou vous avez atteint vos objectifs. Si chaque jour est un échec, vous ne pourrez jamais vous enrichir (réussir) ; alors que si chaque jour est un succès, vous deviendrez incontestablement riche. (...).

Ce n'est pas le nombre de choses que vous faites qui importe, mais l'EFFICACITÉ de chacune de vos actions prises séparément. Chaque acte en soi est une réussite ou un échec. (...). Chaque acte inefficace est un échec : si vous ne faites que cumuler des actes inefficaces, votre vie entière sera un échec 》 WALLAS D. WATTLES, LA SCIENCE DE LARICHESSE EN 17 LEÇONS, p.60

"Si vous êtes né pauvre, ce n'est pas votre faute ; mais si vous êtes mort pauvre, c'est de votre faute. " a dit Bill Gates.

CHAPITRE V: L'UNICITÉ DES HOMMES DANS UNE DIMENSION MYSTIQUE ETSPIRITUELLE.

1- NOUS SOMMES TOUS FRÈRES ET SOEURS DANS CE MONDE!

Que vous soyez noir, blanc, jaune ou vert nous sommes tous Un sur cette planète. Que vous soyez homme ou femme nous sommes tous un .
Que vous soyez de même religion, de même ethnie, de même pays, de même continent ou pas vous êtes tous un.
Que vous soyez de mère différente ou de père différent vous êtes tous un. Que vous soyez pauvre ou riche vous êtes tous un.
Quelles que soient vos différences culturelles vous êtes tous un.
Être tous un signifie que vous êtes des frères et sœurs. Nous sommes tous des frères et sœurs. Chaque homme qui existe sur cette planète et que vous verrez dans la rue ou n'importe où est un frère pour vous. Et chaque femme également est une sœur. Nous sommes tous un.
Nous venons tous d'un même Père et d'une même Mère spirituel. Nous avons en commun les mêmes parents spirituels. Nous sommes tous créés par notre Père Divin (Dieu) qui est le Maître de l'univers et de la Mère Divine. Parlant spirituellement, mystiquement et logiquement nous sommes UN!!
Pendants des millénaires, tous les mystiques et les Hommes éveillés ont tous prouvés dans leurs différents enseignements que tous les Hommes sont Uns et connectés entre eux dans le

monde invisible par leurs champs énergétiques . Bouddha en a parlé, tout comme le Grand Maître Jésus le Christ.

Quel que soit où nous nous trouvons, si nous sommes femme ou homme nous sommes tous des frères et sœurs .Que vous vous connaissez ou pas, vous-êtes tous des frères et sœurs.

Chaque femme ou homme qui existe et existerait est et sera un frère ou une sœur.Nous sommes tous un!

Nous venons tous de la même Substance qui aurait créé les premiers hommes et lespremières femmes. Nous devons notre unité à cette Substance Intelligente (Dieu).

Nous avons certes des pères et des mères biologiques différents mais nous sommes tous issus d'une seule et d'une même Substance qui est l'Énergie Créatrice (Dieu). Ce Dieu est ce que Jésus Christ appelait affectueusement "Mon Père ".N'oublions surtout pas qu'à côté de notre Père se trouve notre Mère qui est la Mère Divine. Vous pouvez ne pas adhérer à cette logique divine mais vos croyances resteront jusqu'à la fin des temps limitées pour contredire cette logique spirituelle . Que vos différences biologiques et sociaux ne vous divisent car vous existez grâce à un même Père et une même Mère. Aimez vous car vous êtes tous des frères et sœurs.

Nous devons notre unicité à notre Père Divin et notre Mère Divine (Dieu-Mère en terme mystique).

Aimez aussi tous les êtres vivants non-humain car nous sommes tous Un avec ces êtres . Nous avons en commun les mêmes Parents Spirituels mais des parents biologiques différents.

Alors plus de guerre, plus de concurrence, plus de haine et de conflits entre nous car nous sommes Un!

Je vous aime profondément mes frères et sœurs !

Plus de haine entre nous frères et sœurs de cette planète.Cultivons l'amour entre nous!

Et que cesse à jamais nos différents différences!

Je vous aime !!

Vous êtes magnifique et formidable!

Vous méritez vraiment toutes les éloges que l'on puisse concevoir en esprit!

Vous êtes extraordinaire et formidable!

Que notre Père Divin et notre Mère Divine nous protègent contre les vibrations négatives de l'univers!

Qu'Ils nous accordent la santé, la sagesse, la paix intérieure et la richesse!

Tous les êtres vivants sont UN!

Nous sommes tous créés par la Mère-Nature quelles que soient nos croyances.

Comprenons quelques termes:

Père Divin et Mère Divine ne sont qu'une seule substance.

Cette substance c'est l'Énergie Créatrice ou appelée autrement Énergie Cosmique ou Dieu. Que ces termes ne vous distraire .Dieu n'est pas un homme mais une Énergie. Vous pouvez l'appeler comme vous voulez, il vous écoutera et vous exaucera.
Merci pour la compréhension!

"Nous devons apprendre à vivre ensemble comme des frères, sinon nous allons mourirtous ensemble comme des idiots."
Martin Luther King.

"Qu'importe le nom que nous invoquons. Par le lien spirituel de la prière, nous sommes tous frères."
Christelle Jouvenaux

<<Nous sommes tous enfants du même père, qui est Dieu, et le Père commun n'a point asservi les frères aux frères ; il n'a point dit à l'un : Commande, et à l'autre : Obéis. >>
Félicité Robert de Lamennais ; Le livre du peuple (1838)

"Nous sommes frères par nature"
Confucius, Le livre des sentences VIè s. av. J.C.

2- L'HOMME DANS UNE DIMENSION MYSTIQUE.

Nous sommes grâce à l'Énergie Cosmique et non pas à la puissance de nos parentsbiologiques.
Nous ne sommes pas dans une logique mystique les conséquences hasardeuses d'un simple plaisir sexuel. Nous sommes plus que ça. Nous portons à l'intérieur de notre être l'ESSENCE DIVINE. L'Homme comme tous les autres êtres vivants ont une dimension divine.
L'ESSENCE DIVINE en nous est la trace de notre Père en secret. Celui-là même qui a fondé l'univers et fait vivre tout ce qui vit. Nos parents biologiques ne sont que nos tuteurs, nos Frères sur cette planète. Dieu est notre vrai Père.
Nous ne sommes pas des simples Hommes dont nous décrit très souvent notre mental.Nous sommes des réalités divines au corps physique. Nous ne sommes pas que physique nous sommes aussi spirituel et mystique.
Dans le plan divin nous ne sommes pas un hasard dès que nous naissons .Il n'y a pas de hasard sur cette planète. Toute naissance possible est validée par notre Père Divindepuis nos premiers ancêtres donc pas de hasard de naissance.
Seul notre mental juge. Seul le mental des Hommes juge. Dans le plan divin il n'y a pas de beauté physique mais il n'y a que de beauté de l'âme. Une âme devient belle lorsqu'elle se soumet et s'unit à Dieu.

Pour que l'Homme devient Homme dans une dimension mystique il doit:
-soumettre son corps à la domination de son esprit,
-soumettre son esprit à la domination de son âme,
-et soumettre son âme à la domination de l'Énergie Créatrice (Dieu).En un mot l'Homme doit s'unir à son Père Divin qui est son vrai Père.
Unissons notre âme à notre Père Divin.
Soumettons notre âme à la domination de notre Père Divin.
Devenons Un avec notre Père Divin pour goûter à la vraie sagesse et au vrai bonheur.

Chaque nuit au couché et au réveil le matin prenez trois profondes respirations conscientes et récitez cette prière avec beaucoup de sincérités : « Je soumets mon corps à la domination de mon Esprit, mon Esprit à la domination de mon âme et mon âme à la guidance et aux conseils de Dieu.
Père Divin entre tes mains je remets mon esprit et mon âme ! TU es Un et je viens de toi. Dirige moi Père Divin ! Remplir mon esprit de tes paroles ! Eveil mon âme à tes mystères et à tout ce qui est noble ! Fais de moi ton instrument physique pour t'exprimer et vivre dans ce monde visible !
Merci Père Divin ! »

3- L'AMOUR COMME FONDEMENT DU BONHEUR.

Tu me faisais voyager,
Tu me faisais oublier
mes soucis,
Par ta présence,
J'ignorais ce que les autres
appelaient souffrance,
Par ta magnifique présence le mot
problème Etait devenu un vocable
de sens vide,
Oh magnifique est toi,
Formidable est ta
présence,
Mes souvenirs se font
si vifs,
Couchant sur le lit
des épreuves,
Mes pensées se
tournent vers toi.
Oh magnifique est ta
présence!
Je veux te sentir encore,
Je veux être dans tes dimensions vibrantes ,
Mon corps et mon esprit veulent goûter à ton
énergie si puissante.

Mon âme veut sentir ta présence
Comment ne pas penser à toi?
Comment ne pas penser à cette présence qui me fait oublier les soucis de la vie ?
Tu es bien ma force de vivre,
Ta présence est une énergie qui me fait vivre.
Ta manifestation en ma vie me fait vivre le paradis,
Je veux juste te sentir,
Je veux juste expérimenter ta
puissanceJe veux juste te voir
Te regarder
Regarder par mes yeux
Regarder dans tes
yeux
Comme te dire tu es magnifique!
Oh l'amour quand tu nous prends,
Tu nous montres par ton passage,
Tu nous laisses par tes traces,
Tu nous montres par ta puissance
Que tu es bien le fondateur d'une vie de bonheur.
Comme pour nous dire, moi l'amour
Je suis le
bonheur
Je suis la
paix
Je suis la vie
Et nulle ne peut connaître le

bonheur sans moi

Je suis le mari de la santé,

Sans ma femme et moi vous ne pouvez connaître le

bonheur sur terre.Cultivez donc entre vous les hommes

L'amour

Et vous connaîtrez le

bonheur

Le bonheur de la vie

Le bonheur de

l'homme

Le bonheur du

paradis.

En un mot le bonheur dont vous aspirez.

L'Amour est le plus grand secret pour expérimenter le bonheur .

Eveillez la puissance de l'amour qui sommeille à l'intérieure de votre cœur .

Demandez à la Divine Mère Nature et à votre Ange gardien d'éveiller l'amour en votre être et de faire connaître à votre âme et à votre esprit le vrai amour .

CHAPITRE IV: LE CAPITAL HUMAIN.

1- L'INVESTISSEMENT SUR SOI.

Le plus grand investissement important que l'homme puisse faire c'est d'investir dans son éducation. Investissez dans votre cerveau pour nourrir votre être intérieur car le plus important c'est votre être intérieur.
Prenez soin de VOTRE ÊTRE INTÉRIEUR car c'est par lui que vous gagnerez la victoire de la vie. La bible ne vous recommande t-elle pas de chercher le royaume des cieux et la terre vous sera donnée?
Le royaume des cieux n'existe nul part qu'à l'intérieur de vous!

Le royaume des cieux existe en vous. Il s'agit de votre être supérieur, votre cerveau, votre esprit, et tout ce qui est à l'intérieur de vous comme connaissance.

Vous pouvez nourrir votre être intérieur de futilités mais il arrivera un temps. Ça serait le temps des bilans de votre vie. Et de ce bilan, vous seriez face à deux types de sentiment : le regret d'avoir nourri votre être intérieur de futilités et de paresse et le deuxième sentiment, un sentiment de joie, fierté et de bonheur d'avoir nourri votre être intérieur de bonnes informations. A la fin de ce bilan vous seriez face à une seule condition de vie :la richesse sur tous les plans ou la pauvreté et la pitié sur tous les plans de votre vie.

À vous de décider maintenant!

Quel serait votre choix à partir d'aujourd'hui?

Voulez-vous nourrir de votre être intérieur de futilités, de peurs, de négativité et de paresse?

Où voulez-vous le nourrir de bonnes informations, d'action, de discipline, d'amour, de positivité, de persévérance, de patience et de travail acharné?

À toi qui me lit, que veux-tu faire de ton être intérieur?

Le plus important c'est la rééducation de son esprit et de son subconscient.

<<Notre esprit est l'actif le plus puissant et le plus unique que nous possédons tous. S'il est bien entraîné, il peut produire d'énormes richesse en un clin d'œil. (...).Un esprit qui n'est pas

entrainé peut en revanche produire un extrême pauvreté, capable de perdurer pendant de nombreuses années s'il la transmet aux générations futures de sa famille. » Robert T. KIYOSAKI, Père riche Père pauvre.

<<La seule chose qui ait une valeur considérable pour tout être humain est laconnaissance pratique de son esprit. >>
Napoléon HILL, Plus Malin que le Diable.

<<INVESTISSEZ D'ABORD DANS L'ÉDUCATION:
En réalité, votre esprit est le seul véritable actif que vous possédez, l'outil le plus puissant sous votre emprise.
Tout comme le pouvoir du choix, chacun de nous peut choisir ce qu'il implante dans son cerveau quand il a atteint l'âge pour le faire.>>
Robert T. KIYOSAKI, Père riche, Père pauvre.

2- L'INTELLIGENCE FINANCIÈRE .

Comme tout domaine qui demande une intelligence assez particulière la richesse financière ne s'en démarque pas de cette réalité. En effet, pour réussir financièrement il faut de façon naturelle ou acquise posséder et développer son intelligence financière.Sans l'Intelligence financière vous ne deviendrez jamais riche quel que soit le salaire que vous touchez ou que vous toucherez. En fait, si vous ne développez pas cette intelligence vous seriez toujours surpris de gagner beaucoup d'argents mais en finir toujours avec rien dans les poches.

L'intelligence financière est différente des autres types d'intelligence telles quel'intelligence intellectuelle, l'intelligence émotionnelle et l'intelligence motrice-sexuelle. Vous pouvez posséder une intelligence intellectuelle développée et ne pas avoir une intelligence financière développée comme vous pouvez dans un autre cas posséder les deux à la fois (cela est bien possible) .En fait, tous ces types d'intelligence existent en nous de manière latente et par la grâce, la nature nous donne la possibilité de développer toute intelligence que nous voulons acquérir. Ceci dit, il est primordial de distinguer les différentes formes d'intelligence afin de lever les voiles sur certaines croyances qui plongent certains dans la pauvreté. La richesse financière n'est pas un secret ou un don fait à une minorité de personne par le divin mais bien une affaire de capacité mentale que chacun peut développer. Chaque personne naît avec une intelligence plus ou moins développée dans un domaine bien précis. Tous nous n'avons pas les mêmes types d'intelligence. Certaines personnes naissent avec une intelligence financière très développée tandis que d'autres naissent avec une autre forme d'intelligence très développée. Ainsi, on aura dans la société certaines personnes très brillantes à l'école mais pauvres financièrement et vice-versa .Ce n'est pas une malédiction si vous n'arrivez pas à vous enrichir financièrement .Ce n'est n'on plus la faute aux autres, ni le fait qu'il n'y a pas de richesse pour tout le monde mais la faute est bien à vous qui avez laissé cette intelligence sommeillée à l'intérieur de vous. Vous possédez à l'intérieur de vous l'Intelligence financière, elle demande juste que vous la développez.

La raison pour laquelle certaines personnes ne croient pas qu'il existe une intelligence financière est que l'école leur a détourné l'attention en ce qui concerne cette faculté en leur montant qu'il n'existe qu'une seule intelligence: l'intelligence intellectuelle. Ainsi on entendra dit qu'une personne est intelligente lorsque celle-ci possède des diplômes (desdiplômes qui sont d'ailleurs souvent inutiles pour l'évolution de la société). Or c'est quasiment fausse de croire que l'être humain est doué d'une seule forme d'intelligence. D'ailleurs la science démontre qu'il existe en l'homme plusieurs facultés et plusieurs formes d'intelligence. L'une des formes d'intelligence est l'intelligence intellectuelle. Celle-ci est la plus valorisée dans nos sociétés mais elle n'en demeure pas la plus importante pour la survie de l'espèce humaine.

Le culte voué à l'intelligence intellectuelle dans nos écoles est à la base de la pauvreté et des fausses croyances que les jeunes ont sur la richesse financière. En effet, l'école en en montrant aux gens l'existence d'une seule forme d'intelligence qui est l'intelligence intellectuelle, en vient à créer dans la conscience de ceux qu'y croient vigoureusement que la richesse est un don que Dieu offre à certaines personnes. C'est une fausse croyance qu'il faudrait systématiquementexclure de son esprit si vous désirez vous enrichir financièrement.

Devenez riche financièrement est bien une affaire de capacité à développer et non un don qui viendra à vous par les merveilles de Dieu. Et même-ci par hasard vous obtenez de l'argent de façon inattendue ou par coup de chance et que vous n'avez aucune intelligence financière vous gaspillerez cet argent en moins d'une seule année. L'expérience quotidienne prouve que tous ceux qui héritsent de la fortune ou gagne de l'argent dans des jeux de hasard en finissent pauvres après une seule année. Est-ce une malédiction? Non loin de là, et surtout ne cédez pas à votre esprit l'idée de malédiction mais cédez à votre esprit l'idée d'une intelligence financière qui demeure latente à l'intérieur de vous.

Ne vous fiez plus à l'idée de malédiction pour justifier votre ignorance qui vous a conduit à la pauvreté financière. La malédiction n'existe que dans l'esprit de celui qui la prend pour prétexte pour justifier sa pauvreté. Arrêtez de vous justifier avec l'idée de malédiction et de chance qui ne sont que des croyances erronées vous maintenant plus dans la pauvreté que dans la richesse. Cherchez plutôt à développer votre intelligence financière.

Débarrassez-vous de l'ancienne idée selon laquelle les riches n'iront pas au paradis. En fait, le paradis et l'enfer n'existent nul part qu'en vous. Cela dit, ce sont vos actes qui détermineront où vous seriez et cela n'a rien avoir avec votre statut social. Certains pauvres comme certains riches iront en enfer et vice-versa pour le paradis. En fait, tout dépendra de vos actes (bons ou mauvais).Devenez riche pour rendre service à l'humanité au lieu de passer votre vie à croire ce qui n'est pas à croire . La pauvreté est un péché dans la logique divine car la pauvreté fait involuer l'humanité au lieu de l'aiderà se développer. Le pauvre ne peut qu'aider l'humanité à s'appauvrir en faisant des enfants pauvres par une éducation limitée .Le pauvre deviendra riche s'il cesse de se justifier avec l'idée d'une prétendue malédiction et prend la volonté et la détermination de surpasser ses anciennes croyances tout en cherchant à se rééduquer pour devenirriche. Cela dit, il est temps de vous en libérer de vos fausses croyances qui vous plongent dans la pauvreté.

La richesse est un droit et est à la portée de tous ceux qui souhaiteront en posséder. L'Intelligence Créatrice a doté de chacun des capacités naturelles pour s'enrichir. Toute personne mentalement posée même handicapé physique possède à l'intérieur de lui une force qui une fois développée le rendra riche financièrement. D'ailleurs l'exemple de plusieurs handicapés physiques riche nous en montrent la preuve de cette vérité. La richesse financière n'est pas le fruit d'une chance ou d'un bonheur venu du ciel mais le fruit d'une intelligence, d'une force intérieure bien rodée et bien musclée. Toute intelligence est un muscle à développer avec l'apprentissage et la pratique dans le gymnase de la discipline.

L'intelligence financière est un muscle à développer. Plus vous en connaissez son fonctionnement et mieux vous la pratiquez dans votre vie quotidienne et mieux vous ouvrez la porte de la richesse financière. La question de la richesse financière est donc un état d'esprit, d'habitudes et de comportements.

Tout être humain dans la dimension Divine a un droit absolu à toutes les richesses qu'il souhaite posséder au cours de son existence.

Aucun être humain n'est condamné à la pauvreté ! Croyez fermement que vous pouvez obtenir toutes les richesses que vous souhaitez avoir au cours de votre existence .Il sera fait selon votre foi. La FOI est le plus Grand SECRET POUR REALISER TOUTE CHOSE à partir du plan invisible au plan visible.

Si à l'intérieur de vous, vous croyez qu'il n'y a pas assez de richesses pour tous les humains et que vous ne pas avoir les richesses que vous voulez alors il sera fait selon votre foi. Vous resterez bien pauvre et les autres s'enrichiront. Ceux qui croient qu'ils méritent la richesse deviendrons inévitablement riches .

Croyez que la richesse est votre droit et que les richesses ne sont pas limitées et réservées à une minorité de personne.

Tout être humain vivant sur cette terre peut s'enrichir car les ressources invisibles et visibles qui servent à fabriquer l'argent sont illimitées .

Changez vos croyances et votre vie changera !

Pensez que vous êtes déjà richesse ! Ne dites jamais et jamais que vous êtes pauvre !Ne parlez pas de pauvreté ! N'écoutez pas ceux qui viendrons vous parlez de leur pauvreté. Ne cédez pas votre esprit et vos oreilles à ceux qui parlent de la pauvreté ou ceux qui pensent que la pauvreté permet à l'Homme de gagner le ticket du paradis. La pauvreté n'a aucun bienfait sur le plan divin. Ne les écoutez pas car si vous écoutez les pauvres vous deviendrez inévitablement pauvre.

Dites toujours que votre êtes riche ! Votre subconscient doit enregistrer cette nouvelle croyance que vous êtes riche et ensuite vous constaterez par vous-même les miracles de vos croyances. Dites à vos voix et êtres intérieurs que vous êtes riche ! Ne regardez pas la pauvreté de vos parents biologiques pour dire que vous êtes pauvre !NON ! Votre Père Divin est vachement riche et non pas pauvre. Il vous accordera de la richesse si vous pensez correctement !

Demandez avec beaucoup de sincérités et surtout avec une bonne intention à votre Père Divin d'ouvrir toutes les portes invisibles et visibles de la richesse de votre présente vie sur terre. Et il sera fait selon vos degrés de foi et d'effort dans le travail.

Ne doutez jamais de la Puissance de l'Esprit Supérieur qui est votre vrai Père le propriétaire de votre âme ! Il matérialisera tout ce à quoi vous croyez en esprit.

Le Saint Coran nous montre que Dieu ne peut rien faire pour un peuple qui ne change rien en lui.Alors changez vos croyances et rééduquez-vous en cherchant à développer votre intelligence financière.

Pour développer votre intelligence financière je vous recommande l'étude absolue et obligatoire de ces livres suivants pour débuter :

- Père riche, père pauvre de Robert T. Kiyosaki.
-Le Quadrant du Cashfow de Robert T. KIYOSAKI
-Le guide de l'investisseur de Robert T. Kiyosaki.
-La Science de la Richesse de Wallace D. Wattles.
- La chèvre de ma mère de Ricardo Kaniama.
-RÉFLÉCHISSEZ et Devenez Riche de Napoléon HILL.
-Plus Malin que le Diable de Napoléon HILL.
-L'argent Partout et Toujours de Patrick Armand Pognon.
-Tout le monde mérite d'être riche de Olivier Seban.

<<Sans l'intelligence financière, l'argent vous glisse entre les doigts.>>Robert T. Kiyosaki, Père riche, Père pauvre.

<<INVESTISSEZ D'ABORD DANS L'ÉDUCATION:
En réalité, votre esprit est le seul véritable actif que vous possédez, l'outil le plus puissant sous votre emprise.
Tout comme le pouvoir du choix, chacun de nous peut choisir ce qu'il implante dans son cerveau quand il a atteint l'âge pour le faire.>>

Robert T. KIYOSAKI, Père riche, Père pauvre.

<<Devenez Riche ne s'apprend pas à l'école! >>ROBERT KIYOSAKI, Père riche père pauvre .

<<En question de richesse: Tout est une question d'état d'esprit.>>Patrick Armand Pognon, L'Argent partout et toujours.

<<Quoi qu'il puisse être dit pour faire l'éloge de la pauvreté, les faits prouvent qu'il n'est pas possible de vivre une vie vraiment complète ou pleinement réussie... à moins d'être riche ! Personne ne peut s'élever à la plus grande dimension possible du développement de son talent ou de son âme, à moins de posséder abondance d'argent ; car pour développer son âme et son talent, doit pouvoir jouir de l'usage de certains biens matériels et, bien entendu, il ne peut les obtenir qu'en ayant l'argent nécessaire pour les acheter. Un homme développe son esprit, son âme et son corps en servant de ces biens matériels. La société étant organisée de façon à ce que l'homme ait de l'argent afin de devenir propriétaire de ces biens, la base de tout avancement pour l'homme doit être la Science qui lui permettra de devenir riche. L'objet de toute vie est son développement continuel. Donc tout ce qui vit a un droit inaliénable à tout le développement qu'il est capable d'atteindre.>>
Wallace D. WATTLES, La Science de la Richesse.

CHAPITRE V CITATIONS ET ARTICLES

1- CITATIONS DE KOUASSI KOUAKOU BIENVENU .

Dans la vie l'important est de savoir ce que nous voulons laisser pour l'humanité de notre bref passage sur terre et le nécessaire est d'en faire cet objectif une priorité absolue.

Toute la vie n'est qu'un art. Il faut se perfectionner pour faire ressortir le meilleur de soi-même.

Ce que vous connaissez vous apporte plus de bonheur et ce que vous ignorez vous éloigne des opportunités et du bonheur.

Toute la vie n'est qu'une pièce de théâtre où chaque homme est appelé à jouer un rôle bien précis. Un rôle qui doit respecter scrupuleusement le sens de la vie qui est le service utile . Chaque rôle doit participer au bien-être et à l'évolution de l'humanité.

Le plus important ce n'est pas ce que vous auriez dans ce monde mais le plusimportant c'est ce que vous feriez pour ce monde.

Chaque homme n'est que le serviteur de l'Énergie Créatrice, comprendre la vie sous cet angle c'est comprendre le sens de la vie. En un mot nous sommes des missionnaires surterre. Décide donc de donner le meilleur de toi-même pour accomplir ta mission de manière élégante .

Toute la vie de l'homme n'est qu'un livre composé de deux chapitres. Le premier chapitre est déjà écrit par Dieu depuis le fœtus de l'homme en étant dans le ventre de sa mère. Ce chapitre est composé de tout ce qui ne dépend pas de l'homme à savoir la mort, la vie, le futur (demain) , la nuit, le jour etc. Et le deuxième chapitre n'est pas encore écrit et il dépend à l'homme de l'écrire avec ses talents et ses efforts personnels par le biais de son imagination créative.

Ayez confiance à l'Univers, Il vous amènera où vous voulez être. Ayez confiance en Lui et tout sera fait selon votre foi et vos actions.

Nous sommes tous frère car nous venons tous au monde grâce à une seule substance qui aurait créé les premiers Hommes.

Peu importe le domaine,
pour réussirquelque
chose dans la vie il faut se
former.
Apprendre à se discipliner, apprendre sans arrêt, se perfectionner tout en se focalisant sur un sujet bien précis.

La connaissance sans l'action n'est qu'une pure plaisanterie.

Ne limitez pas votre existence à manger et à dormir .Cherchez à laisser un héritage quisauvera des milliers de générations après vous .

Que feras-tu de ta vie actuelle pour que plus tard tes enfants et petits-enfants soient heureux de t'avoir comme un digne parent?

La vie de l'homme est comme un bâtiment il doit la construire avec force, discipline,courage, patience et détermination.

La meilleure manière de respecter ses parents est de travailler pour réussir sa vie et les apporter les conforts qu'ils en ont besoin.

La sagesse est la voix de Dieu dans l'esprit de l'homme.
L'homme va à la quête de la sagesse mais seul Dieu accorde la sagesse à l'Homme.

Le plus important ce n'est les richesses ou les savoirs que vous possédez mais le plus important c'est ce que vous en faites pour l'évolution de l'humanité.

Dans la forêt la lionne préfère toujours le lion le plus fort. Juste pour vous dire de rester concentré!
Cherchez l'excellence dans tous les domaines de la vie et le reste viendra de manièreautomatique. Mais c'est par la concentration sur un objectif bien précis que vous atteindrez l'excellence.

Assurez-vous que ce que vous demandez à l'Univers de vous accorder vous servira à progresser et à faire progresser l'humanité également. Dans le cas contraire, si votre intention la plus cachée est d'obtenir cette chose pour contraindre les autres, et les fait souffrir alors les lois mystiques souhaiteraient que vous laissiez votre demande car les conséquences de vos mauvaises intentions et mauvais actes seront terribles pour votre âme. Ayez des bonnes intentions lorsque vous demander des choses à l'Univers. Si votre intention dominante et la plus vraie est d'obtenir cette chose pour votre bonheur et pour le bonheur des autres alors l'Univers vous exaucera rapidement. Ayez des bonnes intentions et vous auriez tout ce que chercher sur cette terre.

Nous sommes tous créés à partir d'une même Substance Divine. Nous sommes tous fils et filles de la Mère-Nature. Nous sommes donc tous frères et sœurs dans ce monde.

La concentration est la clé du succès dans tous les domaines de la vie. Développez votre concentration et vous deviendrez bientôt meilleur dans votre domaine. Concentrez-vous sur un seul domaine en y travaillant jour et nuit et vous seriez surpris du réveil magique du génie qui sommeillait en vous.
N'oubliez pas que chaque minute qui passe vous rapproche de la fin de votre voyage terrestre vous devez donc vous discipliner et vous concentrer sur la réalisation de ce que vous voulez laisser pour vos générations. Concentrez-vous sur votre domaine!
Apprenez tout ce qui est nécessaire pour bien servir et faire de votre vie une source d'inspiration et de bénédiction pour le monde!

SOYONS D'ACCORD :

N'est-ce pas à force de travailler que le maçon arrive à bâtir un immeuble ? Devenez donc le maçon de votre vie !
Que faire un maçon qui veut construire une maison ?
Le maçon qui veut bâtir une belle maison imagine d'abord dans son esprit le type de maison qu'il souhaite construire, élabore ensuite un plan de construction de la maison, identifie tous les accessoires qui lui permettront de bâtir la maison de ses rêves et enfin il passe à l'action pour la

matérialisation de ses plans . Et au bout de quelques temps, à force d'un travail acharné dans le gymnase de la patience et de la discipline notre maçon arrive à dresser au milieu de la ville une jolie maison que chacun voudrait visiter et y prendre des photos. Mais notre maçon pour construire la maison a eu le soutien d'un ingénieur en bâtiment et un architecte qui ont été en réalités des conseillers pour lui. Leurs conseils avec ses efforts dans le travail lui ont permis de bâtir une belle maçon.

Qu'avez-vous retenu du maçon ?Si vous avez compris le maçon alors faites comme lui, et vous réussirez inévitablement votre vie .

La vie de l'Homme est en réalité un chantier en construction. Dans cette vie il est appelé à construire sa vie en décidant par lui-même le type de vie qu'il souhaite vivre de son bref passage sur terre.

Pour faire comme le maçon il doit avoir une idée claire de ce qu'il veut, identifier tous les accessoires qui lui permettraient de devenir qui il veut être, avoir des conseillers pour le guider et enfin il doit travailler acharnement avec discipline et patience pour devenir ce qu'il veut être . Devenez donc le maçon de votre vie maintenant ! Le bâtisseur infatigable ! L'Homme qui ne recule jamais s'il n'a pas encore réussir.

A quoi serez les jolis plans du maçon s'il ne passe pas à l'action pour les concrétiser ?

Que deviendront vos rêves si vous ne travaillez pas pour

les réaliser ? A vous de répondre maintenant !

Soyons d'accord sur le point que vous devez passer à l'action maintenant !

Sur le fronton de l'amphithéâtre de la planète terre il est écrit « Dieu ne fera rien pour celui qui ne veut pas changer ses croyances limitantes et sa vie. Et nul bonheur ne peut être possible sur cette planète sans efforts, sans patience, sans courage, sans persévérance, sans volonté et sans détermination ! »

Tuez la procrastination aujourd'hui !

Réduisez en poussière cosmique la paresse si vous voulez réussir.

Passionnez-vous de votre travail !

Aimez le travail car tout se réalise par le biais du travail.

L'Homme se réalise grâce au travail.

On devient Homme par le travail.

Tout ce que vous voyez sur terre comme produit de l'Homme est le fruit du travail.

Aimez donc le travail si vous voulez réussir votre vie et devenir immortel sur le sable des temps.

Faites-vous former par les experts de votre domaine et travaillez intelligemment vous réussirez !

2- CITATIONS ET QUELQUES PENSÉES D'AUTRES AUTEURS.

"Si tu ne planifies pas ton avenir la pauvreté le planifierait ."Auteur Inconnu.

《 L'excellence n'est pas du domaine de la paresse. 》 Samuel Smiles, SELF-HELP OUCARACTÈRE, CONDUITE ET PERSÉVÉRANCE.

《Un homme se perfectionne infiniment plus par le travail . 》 SamuelSmiles, SELF-HELP OU CARACTÈRE, CONDUITE ET PERSÉVÉRANCE.

《Ce n'est pas en dormant, mais en veillant, s'ingéniant et travaillant sans relâche, qu'on arrive à la perfection et à la célébrité 》 Samuel Smiles, SELF-HELP OU CARACTÈRE, CONDUITE ET PERSÉVÉRANCE.

"La maîtrise de soi est la force. La bonne pensée est la maîtrise. Le calme est lepouvoir." ~ James Allen, Comme un homme pense.

《La pensée dans l'esprit a fait de nous ce que nous sommes Par la pensée a été forgé et construit. Si l'esprit d'un homme est de mauvaises pensées,la douleur vient sur lui comme vient la roue derrière le bœuf ...
Si on endure dans la pureté de la pensée, la joie le suit comme sa propre ombre - bien sûr. "
L'homme est une croissance par la loi, et non une création par artifice, et la cause et l'effet sont aussi absolus et inviolables dans le domaine caché de la pensée que dans lemonde des choses visibles et matérielles. Un caractère noble et divin n'est pas une chose de faveur ou de hasard, mais est le résultat naturel d'un effort continu dans la pensée juste, l'effet d'une association longtemps chérie avec des pensées divines. Un caractère ignoble et bestial, par le même processus, est le résultat de l'abri continu de
pensées rampantes.》
James Allen.

《Les deux grandes et inévitables douleurs de la VIE: Discipline et Regret.La mauvaise nouvelle: la douleur est inévitable!
La BONNE nouvelle: vous choisissez votre douleur!

Morale: Choisissez la discipline et la douleur diminue avec le temps. Choisissez leregret et la douleur augmente avec le temps.》 Auteur inconnu .

《L'esprit reconnaissant est constamment fixé sur le meilleur;il a donc tendance à devenir meilleur; il prend la forme ou le caractère du meilleur,et recevra le meilleur.
Celui qui n'a aucun sentiment de gratitude ne peut pas conserver longtemps une foi vivante ; et sans une foi vivante vous ne pouvez pas devenir riche par la méthode créative.
Il faut donc cultiver l'habitude d'être reconnaissant pour chaque bonne chose qui vient à vous;et de rendre grâce continuellement.
Et parce que toutes choses ont contribué à votre avancement,vous devriez inclure toutes choses dans votre gratitude.》
Wallace D. Wattles, La Science de la Richesse.

Le but de la vie pour l'homme est la croissance, tout comme le but de la vie pour les arbres et les plantes est la croissance. Les arbres et les plantes poussent automatiquement et selon des lignes fixes; l'homme peut grandir comme il le veut. Les arbres et les plantes ne peuvent développer que certaines possibilités et caractéristiques; l'homme peut développer n'importe quel pouvoir qui est ou a été démontré par n'importe qui n'importe où. Rien de ce qui est possible en esprit n'est impossible en

chair et en os. Rien de ce que l'homme puisse penser n'est impossible. Rien de ce que l'homme peut imaginer n'est impossible à réaliser.
~ Wallace D. Wattles ("La science de la Grandeur.

《La pauvreté même la plus extrême n'a pas le pouvoir de retenir un homme dans cet état tant il maintient un féroce désir de s'en défaire. Elle ne constitue en rien une barrière à l'ambition. 》
LÉONCE R. BAYEBANE, Ne quittez pas ce monde sans lui avoir offert le potentiel qui git en vous!!, p9.

"Ne vous inquiétez pas de savoir si le travail d'hier a été bien ou mal fait. Faites bien le travail d'aujourd'hui. N'essayez pas de faire le travail de demain maintenant; il y aura beaucoup de temps pour le faire quand vous y arriverez."

WALLACE D. WATTLES, Science de la Richesse.

《Il n'y a pas de travail auquel la plupart des gens reculent comme ils le font à celui d'une pensée soutenue et consécutive; c'est le travail le plus dur au monde. Cela est particulièrement vrai lorsque la vérité est contraire aux apparences. Toute apparition dans le monde visible tend à produire une forme correspondante dans l'esprit qui l'observe; et cela ne peut être

évité qu'en tenant la pensée de la VÉRITÉ.
Regarder l'apparition de la maladie produira la forme de la maladie dans votre propre esprit, et finalement dans votre corps, à moins que vous ne pensiez à la vérité, qui estqu'il n'y a pas de maladie; ce n'est qu'une apparence et la réalité est la santé.
Regarder les apparences de la pauvreté produira des formes correspondantes dans votre propre esprit, à moins que vous ne teniez à la vérité qu'il n'y a pas de pauvreté; il n'y a que l'abondance.
Penser la santé entouré des apparences de la maladie, ou penser la richesse au milieu des apparences de la pauvreté, demande du pouvoir; mais celui qui acquiert ce pouvoirdevient un MAÎTRE ESPRIT. Il peut vaincre le destin; il peut avoir ce qu'il veut.
Ce pouvoir ne peut s'acquérir qu'en s'emparant du fait fondamental qui se cache derrière toutes les apparences; et ce fait est qu'il y a une Substance Pensante, à partir de laquelle et par laquelle toutes choses sont faites.
Ensuite, nous devons saisir la vérité que chaque pensée contenue dans cette substance devient une forme, et que l'homme peut y imprimer ses pensées au point de les faire prendre forme et devenir des choses visibles.
Lorsque nous réalisons cela, nous perdons tout doute et toute peur, car nous savons que nous pouvons créer ce que nous voulons créer; nous pouvons obtenir ce que nous voulons et devenir ce que nous voulons être.》

WALLACE DELOIS WATTLES , La Science de la Richesse.

" le cerveau sacrifie un peu de sa conscience illimitée, chaque fois qu'il perçoit le monde à travers des limites. " Deepak Chopra.

" Utilisée à bon escient, la compassion apporte autant à la personne qui la montre qu'àcelle qui la reçoit. " Deepak Chopra.

" Au centre du mouvement et du chaos, restez calme intérieurement. " Deepak Chopra

" Vous serez transformé parce que vous lisez. " Deepak Chopra.

☆Le texte suivant est en ligne sur le site http://www.revelessencedesoi.com Il es tiré du livre de Deepak Chopra intitulé Les sept lois spirituelles du succès.

Les lois physiques de l'univers réalisent le processus complet de la conscience en mouvement. Lorsque nous comprenons ces lois et les appliquons à nos vies, tout ce que nous désirons peut être créé, parce que les mêmes lois que la nature utilise pour créer une forêt, une galaxie, une étoile ou un corps humain peuvent aussi nous apporter la réalisation de nos plus profonds désirs. Voici un résumé des 7 lois et comment nous pouvons les appliquer à nos vies.

- La Loi de Pure Potentialité

La source de toute création est pure conscience...
Une pure potentialité cherchant l'expression du non-manifesté dans le manifesté.
Nous réalisons alors que notre vrai Moi est pure potentialité et nous nous alignons à ce pouvoir qui manifeste tout dans l'univers.
Pour appliquer la Loi de Pure Potentialité.
Je mettrai en oeuvre la Loi de Pure Potentialité en prenant les décisions suivantes :

1. J'entrerai en contact avec le champ de Pure Potentialité en consacrant chaque jour un moment à rester silencieux, à être. Je resterai assis, seul dans une méditation silencieuse, au moins trente minutes le matin et trente minutes le soir.

2. Je prendrai le temps, chaque jour, de communiquer avec la nature et de témoigner silencieusement de l'intelligence présente en toute chose vivante. Je resterai assis et regarderai un coucher de soleil, j'écouterai le bruit de l'océan ou celui d'un ruisseau, ou je respirerai simplement le parfum d'une fleur. Dans l'extase de mon propre silence, et en communiant avec la nature, j'entrerai en contact avec la profonde pulsation de la vie,avec le champ de potentialité pure et créativité illimitée.

3. Je pratiquerai le non-jugement. Je commencerai ma journée par cette résolution : «Aujourd'hui, je ne jugerai rien de ce qui arrivera » et tout au long de la journée je me souviendrai de ne pas juger.

1 - La Loi du Don

L'univers opère par échange dynamique...

Donner et recevoir ne sont que des aspects différents du flot de l'énergie dans l'univers.

Décider de donner ce que nous voulons recevoir permet à l'abondance de l'univers decirculer à travers nos vies.
Pour appliquer la Loi du Don :
Je mettrai en œuvre la Loi du Don, en prenant les décisions suivantes:
1. Où que j'aille, quelle que soit la personne que je rencontre, je lui donnerai quelque chose. Ce présent peut être un compliment, une fleur, une prière. Aujourd'hui j'offrirai quelque chose à tous ceux avec qui j'entrerai en contact, et

ainsi je mettrai en œuvre dans ma vie et dans celle des autres, le processus de circulation de la joie, de la richesse et de l'affluence.

2. Aujourd'hui, je recevrai tous les dons que l'on me fait avec gratitude. J'accepterai aussi les dons de la nature : La lumière du soleil et le chant des oiseaux, une pluie de printemps ou la première neige de l'hiver. Je m'ouvrirai également au présent des autres,que ceux-ci aient une forme matérielle, comme l'argent, ou une forme spirituelle comme un compliment ou une prière.

3. Je prends l'engagement de protéger la circulation de la richesse dans ma vie en donnant et recevant les biens les plus précieux de l'existence : L'attention, l'affection, le respect et l'amour. Chaque fois que je rencontrerai quelqu'un, je lui souhaiterai silencieusement bonheur, joie et rires .

2 - La Loi du Karma Ou Loi de Cause à Effet

Chaque action génère une force qui revient vers nous telle qu'elle a été mise en oeuvre...

Nous récoltons ce que nous avons semé.
Lorsque nous choisissons d'agir pour apporter le bonheur et le succès aux autres, alorsles fruits du karma sont le bonheur et le

succès.

Pour appliquer la Loi du Karma ou Loi de Cause à Effet :

Je mettrai en oeuvre la Loi du Karma, en prenant les décisions suivantes :

1. *Aujourd'hui je serai à chaque instant témoin de mes choix. Par ma seule observation, ceux-ci seront portés à l'attention de ma conscience. Je saurai que le meilleur moyen de préparer le futur est d'être totalement conscient du présent.*

2. *A chaque fois que je prendrai une décision, je me poserai deux questions ; « Quelles sont les conséquences du choix que je suis en train de faire ? » et « Apportera-t-il satisfaction et bonheur, à moi-même comme à tous ceux qui seront affectés ? »*

Je demanderai alors à mon cœur de me conseiller et de me guider par ses messages de confort ou d'inconfort. Si un choix m'apporte le confort, je m'y abandonnerai. S'il me donne une sensation d'inconfort, je ferai une pause et j'observerai les conséquences de mon action à l'aide de mon regard intérieur. Ces conseils me permettront de faire les choix spontanément justes pour moi comme pour autrui.

3 - La Loi du Moindre Effort

L'intelligence de la nature prend le chemin du moindre effort... Elle fonctionne avecinsouciance, harmonie et amour.
Lorsque nous exploitons les forces de l'harmonie, de la joie et de l'amour nous créons naturellement le succès et la bonne fortune.

Pour appliquer la Loi du Moindre Effort :
Je mettrai en œuvres la Loi du Moindre Effort, en prenant la décision de suivre les étapes suivantes :

1. Je pratiquerai l'abandon. Aujourd'hui, j'accepterai les personnes, les situations, les circonstances et les événements comme ils se présentent. Je saurai que ce moment est tel qu'il doit être parce que l'univers entier est tel qu'il doit être. Je ne me rebellerai pas contre l'univers entier en me rebellant contre ce moment. Mon abandon est total et complet. J'accepte les choses comme elles sont à cet instant, et non pas comme je voudrai qu'elles soient.
Ayant accepté les choses comme elles sont, j'assumerai la responsabilité de ma situation en face de tous les événements que je considérerai comme des problèmes. Je sais qu'assumer ma responsabilité veut dire ne blâmer personne pour cette situation, y compris moi-même. Je sais aussi que tout problème est une opportunité déguisée. Cette attention aux opportunités me permettra de saisir ce moment et de le transformer en un grand bienfait.

2. Aujourd'hui mon intention restera établie dans la confiance. J'abandonnerai le besoin de défendre mon point de vue. Je ne ressentirai pas non plus celui de convaincre ou de persuader les autres de l'accepter. Je resterai ouvert à tous les points de vue et ne serai strictement attaché à aucun.

4 - La Loi de l'intention et du désir

Chaque intention, chaque désir génère sa propre mécanique d'auto satisfaction...
Les intentions et les désirs, lorsqu'ils s'enracinent dans le champ de pure potentialité, acquièrent un pouvoir d'organisation sans limites.
Lorsque nous introduisons une intention dans le sol fertile de la pure potentialité, nous faisons travailler pour nous ce pouvoir d'organisation infini.
Pour appliquer la Loi de l'intention et du désir :
Je mettrai en œuvre la Loi de l'intention et du désir, en prenant la décision de suivre les étapes suivantes :

1. J'établirai une liste de tous mes désirs. Je la porterai sur moi où que j'aille. Je la relirai avant d'entrer dans le silence et la méditation. Je la relirai également tous les soirs, avant d'aller me coucher, et tous les matins lorsque je me réveillerai.

2. Je confierai ces désirs à la matrice de la création. Je saurai alors que, si les choses ne se présentent pas comme je le souhaité, c'est qu'il existe une raison à cela. Je saurai que les plans cosmiques ont pour moi des projets bien plus importants que ceux que j'ai imaginés.

3. Je n'oublierai pas, quels que soient mes actes, de pratiquer la conscience du moment présent. Je ne permettrai pas aux obstacles de consumer cette attention au moment présent. J'accepterai ce présent comme il vient et je créerai la manifestation du futur par mon attention et mes désirs les plus profonds, et les plus chers.

5 - La Loi du détachement

Dans le détachement se cache la sagesse de l'incertain.

Cette sagesse nous libère des entraves crée par le passé, par le connu. Elle ouvre laporte de la prison qu'a construite notre conditionnement au passé.
En acceptant d'entrer dans l'inconnu, dans le champ de tous les

possibles, nous nousabandonnons à l'esprit créatif, au chorégraphe de la danse de l'univers.Pour appliquer la Loi du détachement :
Je mettrai en œuvre la Loi du détachement, en prenant les décisions suivantes :

1. Aujourd'hui, je me consacrerai au détachement. J'offrirai, à moi comme à autrui, la liberté d'être ce que nous sommes. Je n'imposerai pas mes idées de ce qui devrait être.En ne cherchant pas à tous prix une solution à mes problèmes, je n'en provoquerai pas d'autres. Je participerai à tout avec un engagement détaché.
Aujourd'hui, j'agirai dans l'incertain en considérant ceci comme un ingrédient essentiel à mon expérience. Grâce à ma décision d'accepter l'incertain, les solutions surgiront spontanément des problèmes, de la confusion, du désordre, du chaos. Plus les choses me sembleront incertaines, plus je me sentirai en sécurité, parce que l'incertain est mon chemin vers la liberté. Dans l'incertain, je trouverai ma sécurité.

2. J'entrerai dans le champ de tous les possibles et j'anticiperai le bonheur de rester ouvert à une infinité de choix. Je ferai alors l'expérience de la joie, de l'aventure, de lamagie de la vie.

6 - La Loi du Dharma ou but de la vie

Tout le monde a une mission dans la vie... Un don unique ou un talent spécial à offrir à autrui.

Lorsque nous mettons ce talent particulier au service des autres, nous connaissons l'extase et l'exultation de notre propre esprit, lui qui est le but ultime de tous les buts.

Pour appliquer la Loi du dharma ou but de la vie :

Je mettrai en œuvre la Loi du Dharma en prenant les décisions suivantes :

1. Aujourd'hui, je nourrirai avec amour le dieu ou la déesse qui vit au plus profond de mon âme. Je porterai mon attention à l'esprit qui, à l'intérieur de moi, anime mon corps et ma pensée. Je m'éveillerai à la profonde tranquillité de mon cœur. Je vivrai la conscience intemporelle, l'Être éternel et ceci jusqu'au plus profond de l'expérience temporelle.

2. Je vais établir une liste de mes talents particuliers. J'y noterai ce que j'aime faire, ce qui exprime mes talents. Lorsque je mettrai ces talents en action, pour le service de l'humanité, j'échapperai au temps et je créerai l'abondance, aussi bien pour moi que pour autrui.

3. Je me poserai chaque jour les questions suivantes : « Comment puis-je servir ? » « Comment puis-je aider ? ». Les réponses à ces deux questions me permettront d'aider et de servir mes semblables avec amour.

Les sept lois spirituelles du succès sont des principes puissants. Ils vous permettront d'atteindre la maîtrise de vous-même.

Votre vie deviendra aussi plus heureuse et plus riche, dans tous les domaines, car ces lois sont aussi les lois spirituelles de la vie, celles qui donnent son sens à cette vie.

Il existe un ordre naturel à l'application de ces lois au quotidien. Cet ordre peut vous aider à vous remémorer chacune d'elles.

La Loi de Pure Potentialité s'expérimente par le silence, la méditation, le non-jugement et la communion avec la nature, mais elle est activée par la Loi du Don. Le principe du Don est d'apprendre à offrir ce que vous souhaitez recevoir. Vous activerez de cette manière la Loi de Pure Potentialité. Si vous souhaitez l'abondance, offrez l'abondance. Si vous avez besoin d'argent, partagez le vôtre. Si vous espérez l'amour, le respect et l'affection, apprenez à donner l'amour, le respect et l'affection.

Les actions auxquelles vous conduiront la Loi du Don activeront à leur tour la Loi du Karma. Vous créerez en effet un bon karma, ce qui rendra votre vie plus facile. Vous n'aurez donc plus autant d'efforts à déployer pour réaliser vos désirs, ce qui vous conduira automatiquement à la Loi du Moindre Effort.

Lorsque tout deviendra facile, naturel, et que vos rêves commenceront à se réaliser, vous comprendrez instinctivement la Loi de l'intention et du désir. Voir vos désirs se réaliser spontanément vous aidera beaucoup à mettre en pratique la Loi du Détachement.

Enfin, le fait de commencer à comprendre toutes ces lois vous poussera à chercher le vrai but de votre vie, ce qui vous conduira à la Loi du Dharma. En mettant cette loi en action, en exprimant votre talent particulier et en répondant aux besoins de vos semblables, vous pourrez créer tout ce dont vous rêvez, et ceci quand vous le voudrez. Vous n'aurez alors plus aucun souci et vous serez empli de joie votre vie sera devenue l'expression de l'amour sans limite. Deepak Chopra.

☆ 《Les dix-sept (17) types d'hommes qui ne réussiront naturellement jamais dans la vie._
Le succès est déterminé non seulement par Dieu mais il a beaucoup à voir avec vous entant qu'humain.
Beaucoup de choses font que les gens échouent, alors j'espère que lorsque je les soulignerai aujourd'hui, si l'une d'entre elles est quelque chose que vous pratiquez, vous feriez un demi-tour pour ne pas vous faire échouer dans la vie.

Les dix-sept (17) types d'hommes qui ne réussiront jamais dans la vie sont :

1) Un homme qui a peur de l'échec.

Il est presque impossible pour quelqu'un qui a peur de l'échec de réussir dans la vie. L'échec ne fait pas de vous un perdant. Lorsque vous essayez et échouez, vous continuez d'essayer. N'ayez pas peur de ce que les gens diraient ou penseraient de vous lorsque vous échouez. Il vaut mieux échouer jusqu'à ce que vous réussissiez et racontiez l'histoire, que de rester là où vous êtes simplement à cause de la peur.

2) Un homme attaché à son téléphone

Si vous êtes connecté à votre téléphone pour les mauvaises raisons, vous êtes sur la voie de l'échec. Discuter, jouer au téléphone, demander aux filles de sortir, faire des rencontres triples et des choses sans importance sont des choses qui prennent du temps et une fois le temps écoulé, il ne reviendra jamais. Tout travail sans jeu fait de Jack un garçon ennuyeux. Ouais ... Mais beaucoup moins de travail fera de Jack un garçon qui échoue.

3) Un homme qui n'a pas envie de savoir.

Plus vous lisez, plus vous en savez, moins vous lisez, moins vous en savez. La lecturen vous ouvre les portes des idées. La connaissance est vraiment un pouvoir. Si vous n'étudiez pas, vous ne réussirez pas. Avoir le temps d'acquérir des connaissances. La connaissance de la parole de Dieu qui est la carte dont vous avez besoin pour bien traverser ce monde et la connaissance qui aidera votre avenir.

4) Un homme qui n'a pas de concentration

Lorsque vous n'avez pas de concentration et que vous êtes facilement emporté par des amis, des fêtes, des frivolités de la vie et tout ce que vous ne réussirez jamais. Soyez concentré et vous réussirez car vous resterez toujours sur la bonne voie.

5) Un homme qui n'a ni plans ni vision.

La clé de l'échec est le manque de vision. Vous vous réveillez et vous n'avez aucun projet pour votre journée. Aucun plan qui vous mènera au succès dans la vie. Lorsque vous avez des visions et des objectifs, des objectifs à court et à long terme, cela vous aidera grandement. Si vous ne planifiez pas votre vie, qui le planifiera pour vous.
Laissez la foule s'asseoir et pensez aux meilleures choses que vous pouvez faire pour réussir et réussir. Si vous ne parvenez pas à planifier, vous prévoyez d'échouer.

6) Un homme qui tergiverse.

La procrastination est un ennemi du succès. Je vais le faire demain, demain ne se termine pas. Faites face à vos problèmes aujourd'hui et résolvez-les dès qu'ils se présentent. Ne partez jamais pour demain, ce que vous pouvez faire aujourd'hui.

7) Un homme qui aime dormir.

Si vous aimez dormir, vous ne réussirez jamais. Dormez parce que vous en avez besoin, pas parce que vous l'aimez. Dormez quand c'est nécessaire, pas quand vous êtes censé être debout et faire. Un homme qui aime le sommeil ne réussira pas. Je vais le faire, laissez-moi me reposer. Qu'on ne vous en parle pas. Faites le faire, puis reposez-vous.

8) Un homme qui ne se rend pas compte que chaque seconde passée ne reviendra jamais.

Le jour où vous réalisez que le temps est vraiment précieux, vous réussirez. Il n'y a rien de mieux que du temps bien dépensé pour faire quelque chose qui mènera à votre succès et au succès de votre génération. Utilisez votre temps à bon escient pour que,lorsque vous regardez en arrière ce que vous avez fait, vous souriez en sachant que votre avenir est sûr d'être bon.

9) Un homme qui planifie et n'agit pas.

Un bon plan sans action est comme du riz blanc sans ragoût. Vous pourriez avoir ce bon plan et cette bonne idée, mais si vous ne vous levez pas et n'agissez pas, vous finirez par échouer ou retarder votre succès.

10) Un homme qui garde une mauvaise compagnie.

Vous voulez réussir dans la vie mais vos amis sont des ivrognes. Vous voulez réussir mais vos amis aiment fumer et veulent que vous les accompagniez. Il y a une différence entre amis et connaissances. Ne jugez personne, mais soyez sélectif vis-à-vis de vos proches. Vos amis vous influencent d'une manière ou d'une autre. Si vous voulez être riche, côtoyez des gens riches et pieux. Si vous voulez être pauvre, être entouré de pauvres et planifier moins de personnes.

11) Un homme qui égare les priorités.

Certaines personnes font les bonnes choses au mauvais moment, d'autres font les bonnes choses au mauvais moment. Faites la bonne chose au bon moment. Faites cequi est important, définissez vos priorités. Faites des choses qui visent votre réussite.

12) Un homme qui n'honore pas ses parents.

Beaucoup de gens ne tiennent pas compte de leurs parents, se sentant vieux et faibles et n'ayant aucun pouvoir sur eux. Ils ont tendance à oublier que les parents sont le Dieu que nous voyons. Dans la mesure où une personne vous a porté lorsque vous ne pouviez pas marcher, vous a nettoyé lorsque vous déféquiez sur votre corps, vous devez TOUJOURS les respecter et les honorer de toutes les manières possibles. Cela vous attirera la récompense et les bénédictions de Dieu et vous ouvrira des portes partout.

13) Un homme qui est contrôlé par l'opinion d'autrui.

Lorsque vous vous inquiétez de ce que les gens diraient, vous ne réussirez pas. Tout ce dont vous devriez vous soucier, c'est ce que Dieu pense, les gens se plaindront toujours et vous ne pouvez pas plaire à tout le monde. Faites ce qui est bien et oubliez ce que les gens diront car ils le diront toujours.

14) Un homme qui parle trop.

Lorsque vous parlez beaucoup, vous renversez plus que vous ne devriez. Ne soyez pas bavard, pensez et calculez et soyez sensible. Ne dites pas vos plans aux gens avant de les actualiser. Laissez les gens voir vos progrès et non vos projets. Ne vous exhibez pas et ne vous exposez pas. Gardez votre sang-froid et agissez selon vos plans. Tout le monde qui sourit avec vous ne vous aime pas vraiment. Soyez priant.

15) Un homme qui n'est pas digne de confiance et qui n'a pas d'amour dans son cœur.

Être digne de confiance et avoir de l'amour dans votre cœur est tout simplement trop important. Soyez une bonne personne et soyez gentil. Aime ton prochain comme toi- même. Même parmi les gens qui sont mauvais, soyez bons. Aime-toi, aime Dieu et aime les gens. Ce que nous faisons aux gens nous revient toujours. Le mal ne paie jamais.
Faites le bien et le bien vous sera fait.

16) Un coureur de jupons.

Womanizing n'est pas une entreprise rentable, n'investissez pas vous-même, de l'argentou du temps. Ne soyez pas un homme qui dort si vous n'êtes pas marié. Priez, aimez une fille de tout votre cœur, assurez-vous qu'elle vous aime, assurez-vous que Dieu y consent et installez-vous. C'est si simple. Ne soyez pas un joueur, soyez patient et attendez la bonne dame, en attendant, faites de vous le bon gars. Le sexe en dehors et avant le mariage attire la punition de Dieu, aussi agréable que le sexe soit, quand vous le faites au bon moment, (le mariage) Dieu vous sourira et vous aurez un mariage joyeux. Soyez sage et vous réussirez.

17) Un homme qui ne sait pas que plus il donne plus il reçoit.

Il est important de savoir qu'il existe des lois de la vie. Heureux celui qui donne que celuiqui reçoit. Ne donnez pas pour recevoir, donnez pour montrer l'amour de votre cœur pur.Donnez et sachez que votre récompense vient d'en haut. Ayez le cœur de la générosité car Dieu bénit un cœur généreux. Ne donnez pas et ne dites pas, donnez et laissez que cela soit entre vous et Dieu afin qu'il se souvienne de vous bénir.》

Contenu rédigé et fourni par Ouanlo Opera News CI .

CHIPITRE VI CONCLUSION.

Les hommes et les femmes sont l'incarnation physique de l'Énergie Créatrice(Dieu). Ils sont purement divins. Ils sont reliés à l'Énergie Cosmique (Dieu) par leur âme.
Elle (l'Énergie Créatrice) a créé les Hommes pour vivre et s'exprimer à travers eux. Tous les désirs nobles et talents des Hommes ne sont qu'une pulsion spirituelle de l'Esprit Supérieur cherchant à se manifester et à s'exprimer dans le monde physique.

Elle a créé chaque Homme avec des capacités exceptionnelles que celui-ci doit identifier, développer et en fait un don à l'humanité tout en servant les autres avec ses capacités. Par là même en voyant les choses de manières divines, l'homme serait créé pour un seul but : SERVIR. Mais avec quoi devrait-il servir? Il est appelé dans les scènes de la vie à servir avec ce que la Nature (Dieu) lui a offert comme capacité. Ainsi dans les prévisions de la Nature toute personne est née pour réussir car toute personne peut servir. En ce sens, la vie d'une personne n'a de sens que si elle devient une source d'inspiration et de bénédiction pour sa famille, sa communauté et pour l'humanité en générale.

L'Homme peut réaliser tous ses désirs s'il arrive à s'élever au-dessus de toute tentation de méchanceté, de jalousie, de malhonnêteté, de peur, d'impatience, de paresse (mental et physique), du doute et de la procrastination .En éliminant ses égos qui empêchent son âme d'avoir les bénédictions de l'Énergie Cosmique (Dieu) il deviendra Un avec la Nature et tout ce qu'il demandera avec une bonne intention sera exaucé .Son aura brillera et deviendra un Homme chanceux.

L'Homme pour réaliser ses objectifs doit donc les communiquer à l'Esprit Supérieur (Dieu) par le pouvoir de ses pensées, ses intentions, ses actions et sa foi absolue que ses objectifs se réaliseront. Il doit s'assurer que lorsqu'il pense de son cerveau s'échappe des ondes vibratoires .Et l'Univers ne matérialise que ses pensées les plus dominantes soutenues d'une foi consciente ou inconsciente.
Il ne doit se décourager face à tout échec mais doit travailler avec courage, détermination et se poser des bonnes questions sur ses échecs pour en tirer des leçons substantielles pour sa réussite totale.
Dans sa marche vers l'atteinte de ses objectifs et de ses rêves il doit avoir une ferme volonté et détermination de les réaliser tout en travaillant car rien ne se réalise sans de sérieux efforts dans le travail. Tout se réalise par le travail.

Il peut changer ses mauvaises habitudes telles que la paresse et la procrastination en adoptant de nouvelles habitudes avec le pouvoir de ses pensées. Pour que ses nouvelles habitudes deviennent automatiques il est appelé à se discipliner et à les faire une priorités durant 70 jours . Il doit ainsi gaspiller son énergie dans les choses qui le rapprochent de ses rêves en se consacrant à ses priorités chaque minute, chaque heure et chaque jour.

Pour vivre heureux l'Homme doit s'aimer lui-même et aimer les autres. L'amour est une puissance qui élève l'esprit et l'âme de l'Homme aux dimensions supérieures de l'Être. Il doit aimer les Hommes et apprécier la beauté des créatures divines. Il doit voir en tout Homme son aspect positif et l'apprécier tel qu'il est. Il doit s'abstenir de tout jugement et voir le meilleur en chaque Homme .Cela dit, dans toutes ses interactions avec les autres il doit en tirer des leçons de vie. Chaque Homme qu'il rencontrera au cours de son existence est un enseignant. Il doit juste être attentif pour déceler les enseignements que l'autre essayera de lui transmettre. Enfin, il doit savoir que toutes ces créatures divines existent pour son bonheur .De ce fait, il doit cultiver l'amour en son être et aimer toutes les personnes telles qu'elles se présenteront et se manifesteront à lui. Il doit savoir également que sur cette planète les autres sont ses frères et sœurs. Ils sont des frères et sœurs parce qu'ils ont en commun les mêmes parents spirituels .Ils sont tous créés grâce aux pouvoirs d'une seule substance qui n'est rien d'autre que l'Énergie Créatrice appelée aussi Dieu, Allah, Esprit Supérieur, Intelligence Suprême, Être Intérieur,Gnanmian kpli, etc (selon nos croyances religieuses ou spirituelles). Le nom importe peu pour désigner cette Énergie. Nous pouvons l'appeler tel que nous le voulons mais il est important de savoir qu'Elle (l'Énergie Cosmique) est et sera là toujours.

Dans cette vie il (l'Homme) est appelé à faire de sa vie une source d'inspiration et de bonheur pour l'humanité. Un Soleil qui illuminera la vie des autres. Une lumière qui éclairera la vie des autres.

Enfin s'il ne va pas à contre-courant de cette logique divine le jour qu'il quittera la terre tous les anges de la Nature l'acclameront. Son Créateur sera fier de lui car il a réussi sa mission terrestre et divine. Dans le Royaume de son Divin Père on ne parlera que lui. Les hommes et les femmes de la planète terre seront fiers de son passage et il restera immortel grâce à ce qu'il a fait de son vivant pour l'évolution de l'humanité.

La vraie donc définition de la réussite de l'Homme c'est de se réaliser lui-même et ensuite aider les autres à se réaliser grâce à ses capacités spirituelles, financières, intellectuelles, relationnelles et morales.

BIBLIOGRAPHIE

ouvrages:

• Le Sens de la Vie, LÉONCE R. BAYEBANE.
•La Science de la Grandeur, WALLACE D. WATTLES.
•La Science de la Richesse, WALLACE D. WATTLES.
•Les sept lois spirituelles du succès, Deepak Chopra.
•Plus malin que le Diable, Napoléon HILL.
•Père Riche père pauvre, Robert T. KIYOSAKI.
• Le quadrant du cashflow, Robert T. KIYOSAKI.
•Ne quittez pas ce monde sans lui avoir offert le potentiel qui git en vous!!, LÉONCE R.BAYEBANE.
•Ainsi parlait Zarathoustra, Friedrich Nietzsche.
•La règle d'or, Napoléon HILL

En ligne sur Internet :

•http://partenaire-motivation.com/top-25-citations-de-deepak-chopra/
•http://www.revelessencedesoi.com/article-les-7-lois-spirituelles-du-succes-du-dr- deepak-chopra-en-ligne-pdf-un-

outil-propose-pour-les-int-
101846746.html#:~:text=Chaque%20action%20g%C3%A9n%C3%A8r
e%20une%20force,le%20bonheur%20et%20le%20succ%C3%A8s.
•https://www.evolution-101.com/etre-le-meilleur/
•Télégramme Coach Simon Ouédraogo.
•https://www.facebook.com/profile.php?id=100031704296768
•https://www.facebook.com/profile.php?id=100045627371735

TABLES DES MATIÈRES.

2

- Si vous avez trouvé ce livre très utile alors je vous invite à me suivre sur mon blog : www.nepourinspirer.blogspot.com pour pleins d'articles.

- Vous pouvez également me contacter à travers mon blog www.nepourinspirer.blogspot.com .

Printed by Books on Demand GmbH, Norderstedt / Germany